南天の星空ガイド

誰でも見つかる南十字星

★ 谷川正夫

まえがき

　南十字星（みなみじゅうじ座）は，誰もが一度は見てみたいと思う人気のある星座ではないでしょうか．でも，名前はよく聞く有名な星座ですが，「実際に見たことはありますか？」の問に，「あれ，見たことないな．どうすれば見えるのだろう？」とあらためて疑問が湧いてくる人も多いでしょう．そう，南十字星は，たとえば，オリオン座のように冬になればすぐに見つけ出せる星座ではないのです．「南十字星は自宅でも見えるの？」と，きっと見えないと思いながらも確認のために尋ねられたことがあります．この質問には，「南十字星の全体は本州では見えません．九州でも無理です」と答えることになり，日本に住む多くの人たちが日常で空を見上げたら，南十字星が見えたということにはならないはずです．

　このように南十字星は，その名前はよく知られている星座なのに，どうすれば見られるのかということがあまり知られていません．そんな疑問に答えるべく，本書は，「南十字星はいつどこへ行けば見えるのか」を実体験を踏まえて解説しました．南十字星が見える国や地域の見え方シミュレーション，見頃インジケーター，そして，各地でどのように星空が見えるのかといった情報を，日本から多くの人が出かける太平洋やオセアニアの地域を中心に写真を交えて具体的に説明しました．

　南十字星を見たいという方が，すでに予定が決まっていて，「今度，この日に南の島へ行くけど見えるかな？」といった確認やどのように見えるのかチェックをするなどの場合はもちろん，これから予定をたてる場合にも目的地と時期を決める参考にしていただけることと思います．

　また，普段日本からは見ることのできない南半球の星座や星空についても解説しました．地球の南半球に行くと，北半球の日本では体験し得ない星空が待っています．南十字星を探すことはもちろんのこと，是非，本書を片手に南天の美しい星空を見上げ，星座探しをしてください．

CONTENTS 目次

まえがき 3
あこがれの南十字星を見つけよう 6
  南十字星に惹かれるわけ 6
  国旗に見る南十字星 7

■南十字星・南半球の星空 ＜カラー＞ 9

■どこで見えるの？ 南十字星
  南十字星が見える境界線 18
    世界地図のこのラインより下で南十字星が見える ... 18
  夜になればいつでも見える訳ではない南十字星 ... 20
    南十字星はいつが見頃？ 20
    南十字星に見頃な時期がある理由 21
  南十字星の見つけ方 22
    隣にあるふたつの明るい星が目印 22
    体のものさしを使おう 23
    ニセ十字星に注意 24
    南の方角がわかる南十字星 25
    南十字星観察アイテム 26
  ＜国別＞南十字星の見え方シミュレーション ... 28
  ●ハワイ（北緯22〜19°） 28
    ホノルル（オアフ島）の星空情報 30
    マウイ島の星空情報 31
    ハワイ島の星空情報 32
  ●サイパン／グアム（北緯15〜13°） 34
    サイパンの星空情報 36
    グアムの星空情報 38
  ●パラオ／モルディブ（北緯7°〜赤道） ... 40
    パラオの星空情報 42
    モルディブの星空情報 44
  ●バリ（インドネシア）（南緯8°） 46
    バリの星空情報 48
  ●フィジー／タヒチ（南緯17°） 50
    フィジーの星空情報 52
    タヒチの星空情報 54
  ●シドニー（オーストラリア）（南緯34°）／ニュージーランド ... 56
    シドニーの星空情報 58
    ニュージーランドの星空情報 59
  ●日本でも南十字星が見える！ 60
    沖縄本島の星空情報 62
    宮古島の星空情報 63
    石垣島の星空情報 64
    父島（小笠原諸島）の星空情報 66
    母島（小笠原諸島）の星空情報 67
  南十字星あれこれ 68

目　次

キリスト教と南十字星	68
飛鳥時代に斑鳩の地から見えた南十字星	69
南十字星の物語「銀河鉄道の夜」	70
南十字星はエイ	71
夜空の宝石でいっぱい	72
南十字星からたどる，見て楽しい星雲星団	74
宝石箱（ジュエル・ボックス）と石炭袋（コールサック）	75
エータ・カリーナ星雲（NGC3372）	76
南のプレアデス(IC2602)	77
オメガ星団（NGC5139）	78
南十字星につらなる天の川	79
南十字星を撮ろう	80

■これは雲か星雲か！マゼラン雲

本当に浮雲と見間違えるマゼラン雲を見よう	88
マゼラン雲が見える境界線	90
マゼラン雲の見える時期	92
大小マゼラン雲の見つけ方	96
双眼鏡で大迫力！	98
マゼラン雲あれこれ	103

■オーストラリアのすごい星空

オーストラリアで星見 人気の秘密	106
天の川の一番濃いところがてっぺんに	106
天の川ウォッチングポイント	107
天の川銀河はいつが見頃？	108
季節が変わると別の天の川が	109
逆さのオリオン	110
オリオン座 日本との見え方の違い	111
銀河系を見ている	112
日本の夜空と比べてみる	112

■南半球の星座ガイド

日本から見えない星座たち	114
わかりにくい南半球の星座	114
南天星座の見つけ方	116
南天星座あれこれ	118
バイエルの12星座	118
ラカーユのつくった新しい星座	119
四つに分かれたアルゴ座	120

■南天星座マップ

地域別南天星座マップの使い方	122
北緯20±5°の星空（沖縄，ハワイ，サイパン，グアム）	124
赤道 0±5°の星空（パラオ，モルディブ，シンガポール，バリ）	130
南緯30±5°の星空（オーストラリア，ニュージーランド北島）	136
あとがき	142

✦ あこがれの南十字星を見つけよう

■南十字星に惹かれるわけ

　四つの星が十字を形作る南十字星は，Crux（クルックス）という学名を持ちますが，これは十字架という意味のラテン語です．英語の通称ではサザンクロスと呼ばれます．こちらのクロスも十字架の意味がありますが，この呼び方は，どちらかというと神聖な表現ではなく，南の空に輝く端正な十字形の星座といったもう少し軽い印象を受けますがいかがでしょうか．日本での南十字星という耳慣れた呼び方も，見てみたい星座として憧憬の的となる響きを有しているように感じます．

　それではなぜ南十字星に心惹かれるのでしょうか．それは，南方の楽園のイメージとリンクするからではないでしょうか．そして，北半球では簡単に見えるものではないことが，余計に魅せられる要因になっているのだと思います．見えたとしても緯度が高いところほど，見えている時期と時間が限られます．もし，もっと見やすい地に行こうとすれば彼方南に遠征しなければなりません．そんな労力をかけてやっと見ることができるのが南十字星です．また，南の楽園では，温暖な気候と美しい海や自然によって癒されます．南十字星を見ることは容易ではありませんが，見に行くその地は安楽快適なパラダイスという場所的な魅力によって，あこがれはますますつのります．そして，苦労して南十字星が見えたときには，その姿にも癒されると同時にその喜びはかけがえのない思い出となることでしょう．

あこがれの南十字星を見つけよう

■国旗に見る南十字星

　星や月，太陽を表した国旗はたくさんあります．そしていくつかの国旗には南十字星を見つけることができます．南十字星を国旗に描いている国々は，オーストラリア，ニュージーランド，サモア独立国，パプアニューギニア独立国，ブラジル連邦共和国，ミクロネシア連邦です．ミクロネシア連邦以外は赤道より南に国土があり，国が南半球にあることの象徴として，南十字星を配置しています．それぞれの国旗の南十字星は，同じようで少しずつ違っています．

　オーストラリア国旗にある南十字星の特徴は，それぞれの星の光条が7本出ている七稜星になっていることです．多くの国旗に描かれている星は5本ですので，注意して見ると印象的に違った理由がわかります．ただ，南十字星の十字を形作る四つの星の中にひとつ小さな星，ε星が描かれていますが，この星は五稜星になっています．そして，左に大きな星があるのも特徴です．これは，ケンタウルス座のα星でしょうか．この一番大きな七稜星は連邦を意味していて，六つの州とひとつの特別地域を表しているそうです．

オーストラリア国旗

　ニュージーランドの国旗にも，オーストラリア国旗と同じく英連邦の一員を意味するユニオンジャックが左上にあります．しかし，一番わかりやすい相違点は左に大きな星が無いことですが，それ以外にも星の色が赤いことに気付きます．そして，七稜星ではなく一般的によくある五稜星です．しかも，白い縁取り付きです．他に四つの星の交点近くにあるはずの小さな星（ε星）がありません．注意して比較すると面白いですね．サモア独立国やパプアニューギニア独立国の国旗には，その小さな星はちゃんとあります．

ニュージーランド国旗

サモア独立国国旗

パプアニューギニア独立国国旗

7

ブラジル連邦共和国の国旗には，南十字星の周りに他の星も描かれています．さそり座，みなみのさんかく座，カノープス，シリウス，スピカ，プロキオンなどで，無血革命により共和制に移行した1889年11月15日午前8時30分の当時首都だったリオデジャネイロの星空だそうです．ただし，その時間は朝で日が昇っているためその星空が見えたわけではありません．ここには大小27の星が描かれていますが，首都ブラジリアと26の州を表しています．これらの星々は本当の星空の位置とピッタリ合っていませんが，さそり座はわかりにくいものの，どれがどの星なのかはおおよそ見当が付きます．興味のある方は，星図と見比べてみてください．ただし，ここに描かれた星の配列は通常見る星図の配列とちょっと違います．それは，星座を裏から見ていることです．南十字星をよく見るとε星が十字の交点の左下にあります．これは，天球儀を見ている状態，つまり，星座を天球の外から俯瞰した神の目で見ていることになるのです．

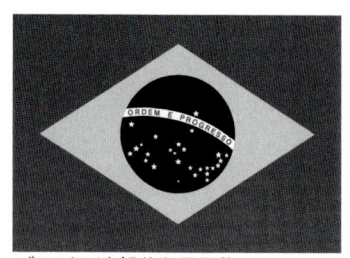

ブラジル連邦共和国国旗

　ミクロネシア連邦の国旗は四つの星が十字に並んでいますが，実際の南十字星の形を踏襲せず，シンメトリックな配置になっているところが他の国旗と違うところです．それぞれの星は，ミクロネシア連邦に属するヤップ，チューク，ポンペイ，コスラエの4島を表しています．

ミクロネシア連邦国旗

　星のマークは多くの国で国旗に使われ，それぞれの国の州や島などの数を表していたりします．ただ，世界各国の国旗をつぶさに見ても，夜空に実際に輝く星座が国旗に採用され，きちんと認識できるのは南十字星だけです（ブラジル国旗を除きます）．それほど南十字星は，親しまれ人気のある星座です．国家のシンボルとして用いられるほどの星座ゆえ，多くの人にとっていつかは見てみたいあこがれの星座となっていることは，当然のことのように思います．

南十字星・南半球の星空

インド洋に沈みかける南十字星
モルディブ・ビヤドゥ島にて．7月22日20時44分（現地時間）撮影．

ハレアカラ山頂の冬の天の川
ハワイ・マウイ島ハレアカラ山頂にて．
3月18日20時32分撮影．

ハワイ・マウイ島のハレアカラ山頂駐車場
ハレアカラ山についてはP31で解説しています．

ハワイへ向かう機内から撮影した南十字星
1月19日夜明け前撮影．1～2月にホノルル朝着の飛行機に乗ると，進行方向右手に南十字星が見えるかもしれません．

ハワイ島マウナ・ケア山頂からの日の出
マウナ・ケア山についてはP32～33で解説しています．

マウナ・ケア山中腹から見た南十字星
オニヅカ・ビジターセンターにて．1月21日04時35分（現地時間）撮影．

小笠原諸島・母島から見た南十字星
母島 旧ヘリポートにて．4月頃撮影．月明かりがあります．

石垣島から見た南十字星
観音崎付近にて．5月30日21時27分撮影．月明かりがあります．

パラオから見た南十字星
パラオパシフィックリゾートの旧日本軍水上飛行機発着場跡にて．3月16日02時39分（現地時間）撮影．

タヒチから見た南十字星
タヒチ・ボラボラ島にて．3月13日02時頃撮影．

天の南極をはさんで南十字星と大小マゼラン雲
オーストラリア・クーナバラブランにて．6月22日00時34分（現地時間）撮影．

大マゼラン雲

小マゼラン雲

エータ・カリーナ星雲

さそり座から南十字星にかけての天の川
オーストラリア・クーナバラブランにて．6月21日23時03分（現地時間）撮影．

フィジーの星空
マナ島にて．9月29日19時40分（現地時間）撮影．左下にケンタウルス座のα・β星が沈みかけています．南十字星はその下の雲の中に隠れてしまいました．

どこで見えるの？　南十字星

⭐ 南十字星が見える境界線

> **南**十字星は世界中のどこからでも見える星座ではありません．日本では，九州南部からでも南十字星の全体を見ることはできません．南の方へ行けば行くほど南十字星が見やすくなりそうですが，それではどこまで行けばよいのでしょう．

■世界地図のこのラインより下で南十字星が見える

　ズバリ，南十字星の全体を見るためには，世界地図上では北緯27°より南へ行かなければなりません．それは，南十字星の一番下（南）の星（α星／アクルックス）が赤緯−63°にあるからです．

　ここで，赤緯の説明をします．赤緯とは天球上で星の位置を示すために赤経とともに使われる座標のことです．天の赤道から北は＋（プラス），南は−（マイナス）で表します．世界地図では緯度にあたります．北緯27°の地では，赤緯＋27°線が天頂を通ります．そして，赤緯−63°線が地平（水平）線と接しますので，南十字星の一番下（南）の星まで見えることになります．

　南十字星は，たとえば北緯35°の東京近辺では，まったく見ることができません．北緯35°では，赤緯−55°より南の星空は見えません．南十字星の一番上（北）の星（γ星／ガクルックス）は赤緯−57°ですので，地平線から2°ほど低いだけであって，

どこで見えるの？南十字星

あともう少しで見えそうですが、残念ながら地平線上には昇らず見えないのです。一番上（北）の星（γ星）を見たい場合には、本州では北緯33°に位置する和歌山県の潮岬まで行けば、水平線スレスレに見えそうです。ただし、水平線まで雲のない透明度の非常によい条件に恵まれないと見えないでしょう。四国の

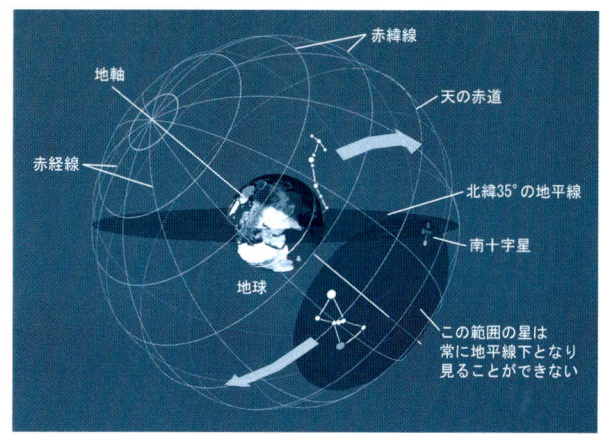

北緯35°の天球図。東京近辺（北緯35°）では、南十字星は地平線下にあり見ることはできません。

南部や九州の中部以南では、好条件であれば見ることができそうです。

　南十字星の全体を見るためには、日本では沖縄地方より南に行かなければいけません。沖縄本島でギリギリ、北緯24°あたりの石垣島など八重山諸島まで行けば、もう少し見やすくなります。また、日本国内ということであれば、小笠原諸島も北緯27°以南にあり、南十字星の全体を見ることが可能な地域です。

　海外に出ると太平洋で人気の島々、ハワイやサイパン、グアムで見ることができます。ただ、ハワイ諸島については北緯20°くらいに位置し案外高緯度で、南の島で空高く昇る南十字星のイメージに反して、水平線からそれほど高くないところまでしか昇りません。

　東南アジアやオセアニア地域は、格好の南十字星観察ポイントが目白押しです。南へ行くほど南十字星の高度も上がりますので見やすくなります。オーストラリアの南部やニュージーランドまで行くと1年中見ることができます。

　日本からはちょっと行きづらいですが、アフリカ大陸では多くの地域で南十字星を見ることができます。しかし、地中海沿岸からサハラ砂漠までのアフリカ北部で見えないのは意外です。

　南アメリカ大陸は南天の星空がメインに観察できる地域で、南十字星が当たり前のように輝いています。逆に、私たちが南半球の星空にあこがれるように、ブラジル・サンパウロ出身の知人は北半球の星空、特にアンドロメダ銀河を見て感動していました。サンパウロでアンドロメダ銀河は見えないわけではありませんが、高度が低く見づらいためです。

夜になればいつでも見える訳ではない南十字星

北緯27°より南へ行けば，南十字星を見ることが可能になります．しかし南十字星が地平線から昇ってくる地域へ行ったならば，いつどんな時期でも見られるかといったら，そんな訳ではありません．緯度が北緯27°に近い地域ほど，見ることのできる時期が限られ，期間が短くなります．このような地域では，最も長く見える時期であっても昇ってきたと思ったら短時間で沈んでしまいます．そしてどんどん南へ行くと，南十字星が地平線下へ沈まず，通年で一晩中見えている地域もあります．

■南十字星はいつが見頃？

それでは，緯度別に代表的な地域をあげて，何月頃南十字星が見やすいかざっと紹介していきましょう．

北緯26°あたりに位置する沖縄本島では，南十字星の最も見頃の時期は5月中旬です．これは，夜空を21時から22時頃に眺めた場合です．沖縄では南十字星の南中高度（南の空に最も高く昇った高さ）は低いため，この時期で南十字星の全体が見えている時間は2時間ほどです．

北緯13°あたりに位置するグアムでは，21時台に夜空を眺めた場合に5月の1ヶ月間が最も見頃です．南十字星の南中高度は20度より低くそれほど高くなりませんが，沖縄などで見るよりは見やすくなります．ちなみに，北緯20°付近のハワイでは，南十字星の南中高度はグアムより低くなります．

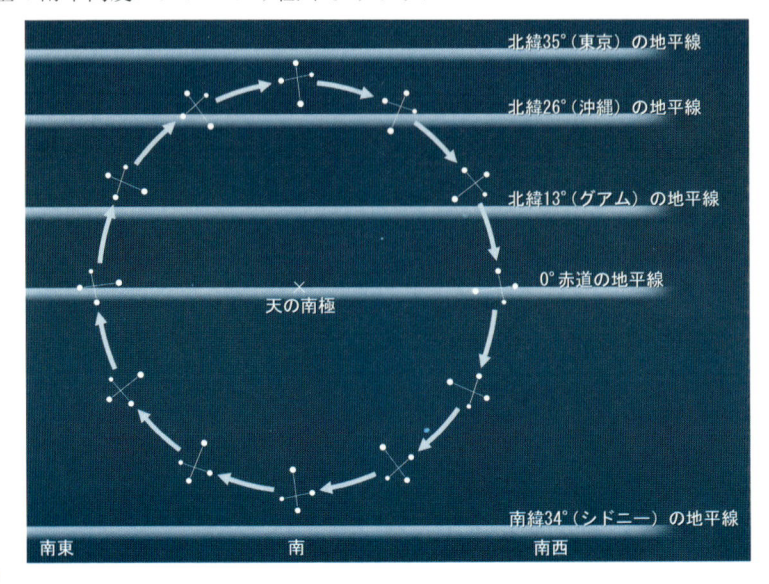

どこで見えるの？南十字星

　緯度0°の赤道上では，5月の21時台で南十字星の南中高度が30°になり，少し視線を上げたくらいで見やすい高度になります。さすがに赤道くらいまで南下すると，21時台ならば4月の初めから6月の下旬まで高度20°以上をキープしていて，見頃の期間が長くなります。

　南緯34°のオーストラリア・シドニーでは，5月の21時台には，南中高度が60°を越えます。これは，大きく見上げないといけない角度です。3月から7月くらいまで夜空高く昇り見頃です。シドニーくらいの緯度までくると，南十字星は1年中沈まない星座となり，晴れていれば時期に関わらずいつでも見ることが可能で，逆さの南十字星を見ることもできます。

　このように見てくると，どんな緯度の場所でも，見る時間を21時台に限定した場合，南十字星の見頃は「5月頃」といってよさそうです。見る時間帯を宵の口から未明まで広げれば，見られる期間はもっと長くなります。そして，緯度を下げ南下して行っても，見られる期間が長くなります。

　見える時期や期間は，後のページで地域ごとに詳しくシミュレーションしていますので，そちらをご覧ください。

■南十字星に見頃な時期がある理由

　ところで，星は1ヶ月で30°東から西へ動きます。したがって，1ヶ月前の同じ時間に見た星の位置は30°西にズレて見えます。これは，2時間分の移動に相当します。このように見える理由は，地球が太陽の周りを公転しているからで，年周運動といいます。南十字星ももちろん年周運動で移動して行きますので，やがて見ることのできなくなる時期がやってきます。シドニーのような南十字星が沈まない地域もあるわけですが，南十字星の南中高度が低い緯度地ほど，見ることが可能な期間は長くなく，1年中見られるわけではないということになります。

　また，地球は自転しているために，日周運動で星は東から昇り西へ沈みます。その移動量は1時間で15°です。この日周運動により，南十字星の南中高度が低い所では，最も長く地平線上に見える時期であっても見えている時間が短くなります。

　なお，緯度別に代表的な地域での南十字星の見え方を取り上げましたが，緯度が同じであれば，世界中のどこでも，同じ月日の同じ現地時間には，星座は同じような位置に見えます。たとえば，オーストラリアのシドニーと南アメリカ大陸にあるアルゼンチンの首都ブエノスアイレスは，南緯34°あたりのほぼ同じ緯度にあるので，同じ日の現地時間夜9時には同じような高度に南十字星が見えます。

南十字星の見つけ方

南十字星は「みなみじゅうじ座」が正式な星座名で、全天に88ある星座の中で最小です。正確には星座境界線で囲まれた範囲の面積が最も小さな星座です。名前は何度も聞いたことのある有名な星座なのに、一番小さいだなんて意外に思われるかもしれません。そんなこぢんまりとしていながらも存在感のある美しい十字形が、人気の秘密なのでしょう。

■隣にあるふたつの明るい星が目印

南十字星は小さいですが、明るい0.8～2.8等級の星が十字を形作る、わかりやすい星座です。明るい順に下（南）のα星（アクルックス）が0.8等、左（東）のβ星（ベクルックス）が1.3等、上（北）のγ星（ガクルックス）が1.6等、右（西）のδ星が2.8等でそれぞれ輝いています。そして十字を作る四つの星以外に、3.6等のε星が十字の交点より右下にあります。この星はオーストラリア国旗には描かれていますが、ニュージーランド国旗にはないというちょっと気になる星です。少し暗いですが、南十字星を特定できるポイントになります。

どこで見えるの？南十字星

実際に南十字星あたりを見ていると、その近くにある明るいふたつの星が目に付きます。南十字星のγ星を上（北）にして見た場合の左側（東側）にふたつの明るい星があれば、間違いなくそれは南十字星です。

これはケンタウルス座のα星（アルファケンタウリ）とβ星（ベータケンタウリ）です。ケンタウルス座α星が0等、ケンタウルス座β星がやや暗く0.6等ですが、南十字星の東西の星βとδの間隔と同じくらいで、とても目立って輝いています。見つけた十字の星の並びが南十字星として本物かどうか不安なときは、この明るいふたつの星があれば確信がもてます。

■体のものさしを使おう

げんこつ（グー）を作って、腕をいっぱいに伸ばしてみましょう。南十字星にげんこつを重ね合わせると、隠れて完全に見えなくなってしまいます。実際にやってみるとその小ささが実感できます。腕をいっぱいに伸ばしたときのげんこつの親指から小指までの幅が約10°ですが、南十字星のγ星とα星の間隔は6°しかありません。

このように腕を伸ばしてグーやパーの幅で角度を測ることを、「体のものさし」と呼んでいます。おおよその星の方位や高度、星と星との間隔を測るには、測量器などの道具を使わずにできるので、たいへん簡単便利な方法です。南十字星だけでなくいろいろな星座を探すときに、この「体のものさし」を活用しましょう。

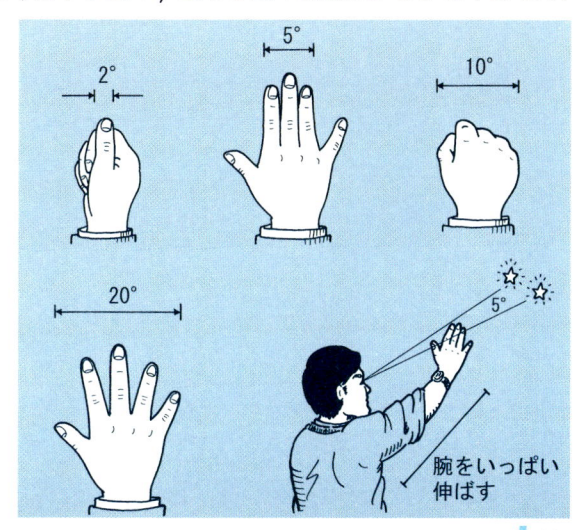

■ニセ十字星に注意

　南十字星を探すときに注意しなければならないのが，ニセ十字星です．オーストラリアで現地の人に，「あれが南十字星だよ」と真面目にニセ十字星を指差して教えてもらったことがあります．南十字星を見慣れていると思われるオーストラリア人でも間違えるのです．もしかして完全に認識違いをしていたのかもしれませんが．

　ニセ十字星も南十字星と同じように，1.9～2.5等級の比較的明るい星が十字を形作っています．南十字星とよく似ているといっても，見慣れてくるとその違いははっきりとわかるようになってきます．まず，ニセ十字星の方がひとまわり大きいことがあげられます．小さいなりによく整った感じのある本物の南十字星に比べて，ニセ十字星はパッと見たときの印象が大味に感じます．次に違うところは，南十字星の横の星をつないだラインがやや右上がりになっているのに対して，ニセ十字星の方は右下がりになっています．ニセ十字星の方がその角度も大きく，描かれる十字の美しさは本物の南十字星に軍配が上がります．

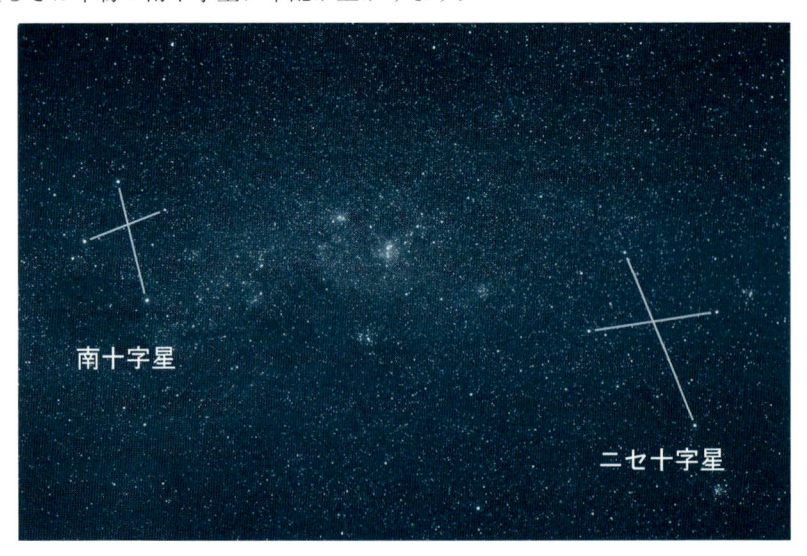

　南十字星は単体で「みなみじゅうじ座」というひとつの星座ですが，「にせじゅうじ座」という星座はありません．「ほ座」のκ星（2.5等）とδ星（1.9等）そして「りゅうこつ座」のι星（2.2等）とε星（1.9等）で十字をなし，南十字星と見間違えてしまうことからニセ十字星と呼ばれています．ニセ十字星の近くには，ケンタウルス座のα星やβ星のような明るく目立つふたつ並んだ星はありませんから，そこを注意していれば間違えることはないでしょう．

■南の方角がわかる南十字星

　南十字星の南北の星 γ と α をつないで4.5倍伸ばすと，そこが天の南極になります．つまり南の方向を南十字星から知ることができるのです．北半球の北極星のような存在の星は南半球の星空にはありませんから，かつての大航海時代には方角を知る重要な星座で，天の南極の指針となりました．もし誤ってニセ十字星から天の南極を判断すると，通常真南へは行けません．

　「からす座」から南十字星を見つけることもできます．「からす座」を約5個分南の方へ目を移すと，南十字星に当たります．グアム・サイパンやハワイなど緯度の高いところで探す場合や，雲がかかってケンタウルス座の α 星，β 星が見えない場合などのよい目印の星座となります．

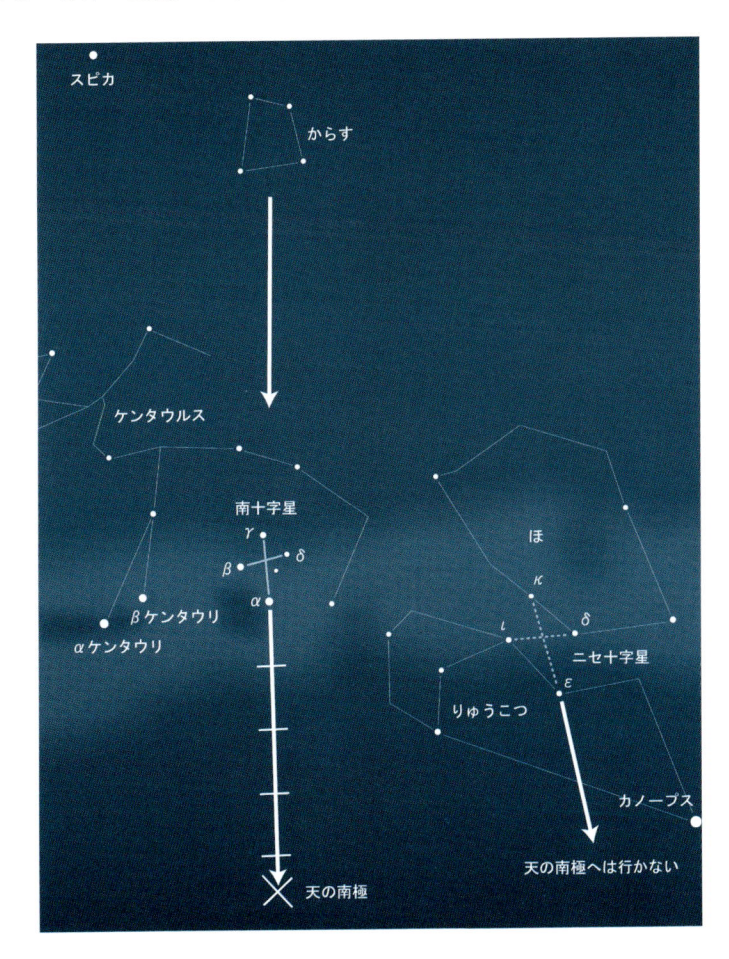

■南十字星観察アイテム

　星座観察のためには絶対なくてはならないというわけではありませんが，ここに紹介するようなアイテムがあるとよいでしょう．南十字星に限らず，星空をじっくり観察するためには，どのような場所で見る場合でもあったら便利なグッズです．山中をハイキングするには地図や方位磁石が必要ですし，花の図鑑なども持って行った方が楽しく山歩きができます．それと同じで，ただ漠然と星空を眺めているのもロマンチックですが，星座観察アイテムを用意していれば，より楽しく星空を楽しむことができます．

●「誰でも見つかる南十字星」本書

　星座を探すには，まず星座早見盤があるとよいのですが，星座早見盤は星空を見る地域ごとのものが必要になります．しかし，たとえば日本でハワイ用の星座早見盤を用意するというのもたいへんなことです．そこで，本書に書かれている南十字星の見つけ方や国別の南十字星の見え方のシミュレーションを参考にして，南十字星を探してください．本書には南十字星以外にも南半球で見ることのできる星座の解説や星座マップが載っていますので，南半球へ旅行した場合の星座ガイドとして活用していただけます．

　日本で星座を探す場合にも，このような星座ガイドブックや星図があると便利です．星座ガイドブックには本書のシリーズ本のひとつである「誰でも探せる星座」があります．

●ライト

　夜の星空観察にはライトは必需品です．ライトがなければ，暗い夜の屋外を歩くのも危険ですし，星座のガイドブックも読めません．ただし，星空を見ているときに強力なライトを照らしてしまうと，せっかく闇夜に順応した目が眩んでしまって，一瞬にして星が見えなくなってしまいます．そのようなことがないようにするためには，本書や手元などを照らすライトは明るすぎない小型のものがよいでしょう．最近ではLEDライト

が多く使われますが，眩しいことが多いので，目にやさしい赤いセロファンで減光します．1枚覆っただけではまだ明るい場合には，何枚か重ねてちょうどよさそうな明るさに調整します．赤色LEDを使用したライトも販売されていますので，100円均一ショップで探してみましょう．

● 方位磁石

星座を探すとき，方位を知っていることは重要です．星座早見盤や星座マップを見るときは，方角を合わせることから始まるからです．基本は南を向いて星座を探します．旅行で見知らぬ土地へ行ったときには，方向を知るために方位磁石があると便利です．特に南十字星を見るために北の指針となる北極星が見えない南方へ行った場合には，苦労なく方向がわかって役に立ちます．

● 時計

星は日周運動によって東から昇り西へ沈みます．つまり時刻によって位置が変わるので，星座を探すときには時計が必要です．普通の腕時計で十分ですが，できれば暗闇で使用するためバックライトなど照明付きのものであれば最適です．

● 双眼鏡

双眼鏡があると星を見る楽しみが増します．双眼鏡でのぞくと肉眼よりたくさんの星を見ることができます．空の明るい街中や透明度の悪い空でも有用です．また，南十字星は天の川の真っ只中にあり，その周りには多くの星雲星団が存在し，双眼鏡で観察すると興味の尽きない領域です．天体を見るには双眼鏡の口径（レンズの直径）が大きいほどよいのですが，旅行などのときに持ち運びしやすい小さなものでも楽しめます．倍率は低めが使いやすく，8倍くらいまでにしましょう．高倍率は必要ありません．

国別南十字星の見え方シミュレーション

そ れでは，それぞれの島々や国別にどのように南十字星が見えるのか，見頃はいつなのか解説していきましょう。

■ハワイ　北緯22～19°

太平洋の真ん中ハワイは，快適な気候に恵まれているため，ご存知の通り，休暇をすごすリゾートとしてとても人気の高いところです。日本からオアフ島のホノルルへは空路で約7時間，復路は偏西風による向かい風の影響により約9時間かかります。ハワイ諸島は八つの主な島々からなり，多くの観光客が訪れるカウアイ島，マウイ島，ハワイ島などのネイバーアイランドへ行くには，ホノルルを拠点に乗り換えます。

● ホノルル（オアフ島）での南十字星の見え方

星図と南十字星時刻表で，北緯21°のオアフ島のホノルルでは，南十字星が何月の何時にどのような位置にあるのか見てみましょう。北緯20°のマウイ島や北緯19°のハワイ島でも似たような位置に見えます。

星空を眺める機会が多いと思われる21時台に南十字星が南の空に昇るのは5月中旬です。このときの高度は，南十字星の中心で8°くらいと低く，南の空が開け，地平（水平）線まで雲の無いよいコンディションが望まれます。イメージとして，ハワイでは南十字星がよく見えそうですが，緯度が意外に高いため，南十字星はそれほど高度を上げません。

4月中旬過ぎ頃から6月初旬頃の間が，夜半前に最も見頃の時期となります。夜中の0時頃に南中する4月10日頃には，5時間ほど地平（水平）線上に姿を現しています。

12月の中旬，早朝5時前に南南東の水平線から一番下（南）のα星が顔を出し，南十字星の全体が見えるようになります。7月初旬の夜の早いうち，21時には，南南西の水平線にα星が沈んでしまいます。したがって，7月中旬から11月下旬まで南十字星は見えません。この時期に南十字星目的でハワイへ行っても残念な結果となります。

ホノルル（オアフ島）での南十字星見頃インジケーター

| 1月 | 2月 | 3月 | 4月 | 5月 | 6月 | 7月 | 8月 | 9月 | 10月 | 11月 | 12月 |

※白が夜半前に最も見頃の時期です。色が濃くなるに従って高度が低かったり，南中時刻が夜半過ぎになったりして見づらくなります。黒は一晩中見えません。

どこで見えるの？南十字星

ホノルル（オアフ島）での南十字星時刻表

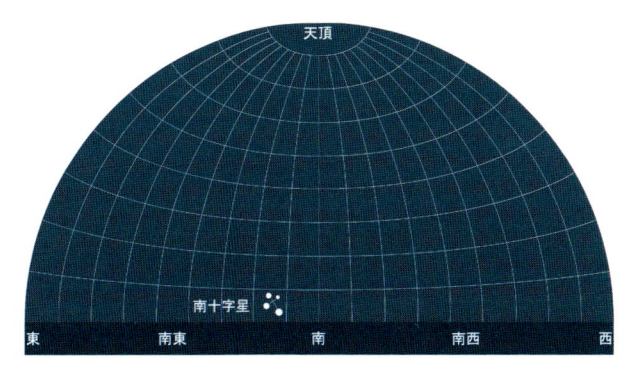

12月中旬の05時30分
1月初旬の04時30分
1月中旬の03時30分
2月初旬の02時30分
2月中旬の01時30分
3月初旬の00時30分
3月中旬の23時30分
4月初旬の22時30分
4月中旬の21時30分
5月初旬の20時30分（薄明中）

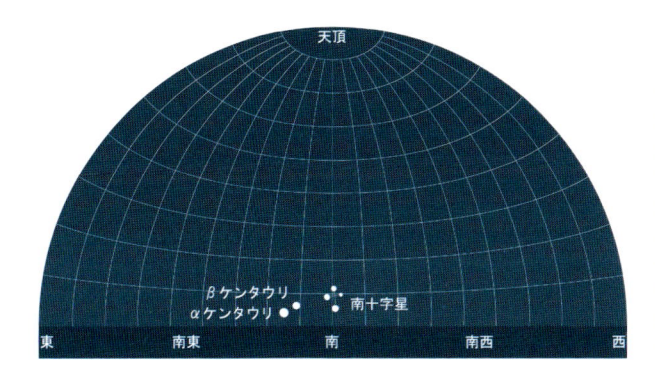

1月中旬の05時30分
2月初旬の04時30分
2月中旬の03時30分
3月初旬の02時30分
3月中旬の01時30分
4月初旬の00時30分
4月中旬の23時30分
5月初旬の22時30分
5月中旬の21時30分
6月初旬の20時30分（薄明中）

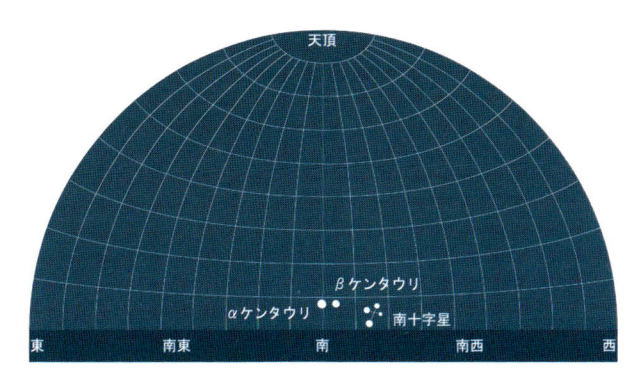

2月中旬の05時30分
3月初旬の04時30分
3月中旬の03時30分
4月初旬の02時30分
4月中旬の01時30分
5月初旬の00時30分
5月中旬の23時30分
6月初旬の22時30分
6月中旬の21時30分
7月初旬の20時30分（薄明中）

29

■ホノルル（オアフ島）の星空情報

　ハワイの正式名は，「アメリカ合衆国ハワイ州」で，1959年に50番目に成立した最も新しい州です。オアフ島にあるホノルルはハワイ州の州都で，人口は約90万人と大きな都市を形成しています。

　オアフ島の中でもホノルルはステップ気候で，年間平均気温は約25℃と基本的に1年を通して温暖で安定しています。おおよそ4〜9月の乾季と10〜3月の雨季に分けられますが，日本ほど寒暖の差は無いものの四季があるといわれ，冬の夜は上着が必要になることがあります。

　ホノルルの北側には，オアフ島の南東端から北端に連なるコオラウ山脈があり，この山脈の標高は1000mに満たないものの，北東から吹く貿易風の影響によって海からの湿った空気が山脈に当たって常に雲がかかっています。したがってこの山脈の北東部は降雨量が多いのですが，風下側のホノルルは雨を降らせた後の湿り気の少ない空気が通り抜けるため，雨は少なくなります。

　リゾートホテルが集中しているワイキキビーチは，南側に海を望むため南十字星を見ることができる格好のウォッチングポイントです。ハワイ旅行といえば誰もがワイキキを連想するほど多くの旅行者が訪れるところですから，旅行が南十字星の見える時期と合致していれば，是非探してみてください。ただ残念なのは，高層のホテルが所狭しと林立し，ビーチ沿いのホテル以外は海側の見晴らしが悪いことと，夜のワイキキ一帯は不夜城のように明るいことです。救いは，ワイキキから南十字星が南中して見えるのは街明かりの無い海の上方であり，ワイキキの繁華街側ではないことです。宿泊するホテルの部屋が，海側のオーシャンフロントやオーシャンビューであれば南十字星を見られるチャンスです。階が上の方ほど目先の障害物や明かりの影響が少なく見やすくなるのはいうまでもありません。ビーチに出て外灯など明かりを避けて見ることもできるでしょう。この場合は，ワイキキの治安のことも考慮して，夜の早いうちはともかく，深夜は十分注意をするか，一人の時はやめた方がよいかもしれません。

ハワイの象徴ダイヤモンドヘッドとホノルルの遠景。

どこで見えるの？南十字星

■マウイ島の星空情報

　ハワイで二番目に大きなマウイ島は，大阪府と同じくらいの面積で，島の東と西に高い山がそびえます．東には標高3055mのハレアカラ山が，北西には標高1765mのプウ・ククイ山を中心とした西マウイ山系があります．これら東西それぞれの山に北東から吹く貿易風によって海からの湿った空気が当たって，山の北東側では雲が発生し，天気の悪い日が多く雨もたくさん降ります．それぞれの山の反対，風下になる西側には，雨を降らせた後の乾いた風が吹き抜けます．このため，西マウイのカアナパリやラハイナ，中央マウイのキヘイやワイレア，マケナは爽やかで晴天率が高く，恵まれた環境のためリゾートがたくさん集まっています．

　これらの山の西側のリゾートは，真西側の外洋に面しているため街明かりが無く美しい星空が見られます．しかし，一転東側はリゾートによってはその明かりが強烈で，せっかくの星空がかき消されてしまうことでしょう．南十字星を見るためには，南方向が開けていてほしいのですが，南から南南西に沈みかける南十字星を見ることはできても，南南東から昇ってくる南十字星は場所によっては厳しいかもしれません．

　マウイ島ではレンタカーが利用できると観光がしやすくなります．その中でもハレアカラ山はマウイ島でも有数の観光スポットのひとつで，3000mを越える山頂まで車で行けてしまいます．島西側のリゾートから約2〜2.5時間かかりますが，巨大な火口の中にいくつもの火口丘があるという絶景を見ることができます．そして，夜になれば，超一級のコントラストの星空が眺められます．ただし，ハワイという暖かい島なのにここまで来ると気温は0℃くらいまで下がり，風速5〜10mの強い風が吹くことも多く，体感温度はとても寒いので，暖かい服装は必ず必要です．途中くねくねした峠道はあるものの山頂駐車場まで舗装された比較的運転しやすい道路ですが，自力で行かなくても星空観察を組み合わせたサンセットやサンライズツアーもありますので，それに参加するのも方法です．

カアナパリ・リゾートエリアのビーチから南方向を見ています．カノープスが南中を少し過ぎたあたりです．

■ハワイ島の星空情報

ハワイ島はハワイ諸島で一番大きな島で、ビッグアイランドとも呼ばれます。東西約130kmに渡り、その面積は日本の四国の半分より少し大きいくらいです。ハワイ島には黒い溶岩流の跡が島中に存在し、火山島であることをまざまざと見せつけられます。今もなお火山活動が活発で、南東部にあるキラウエア火山のハレマウマウ火口からは白煙が上がっています。そして、日々流れは変わりますが、溶岩が海に流れ込みます。島の中央部には標高4169mのマウナ・ロア山があります。地球上で最も体積の大きい山だけあって、裾野がたいへん広くなだらかで、一見、4000mを越える高山のようには見えません。その北にあるのは、標高4205mの太平洋で一番高いマウナ・ケア山です。山頂には、世界各国の天文台が建設され、日本の誇る直径8.2mの主鏡をもつ国立天文台のすばる望遠鏡もあります。

ハワイ島の気候も他のハワイ諸島の島々と同じく1年を通して温暖で安定しています。おおよそ4～9月の乾季と10～3月の雨季に分けられます。寒暖の差は小さいものの四季があり、冬の夜は上着が必要になります。ハワイ島には、冬季には雪が積もる4000m級の山から、島東部のヒロのように降雨量が多い地域、西部の乾燥地域など地球上の気候区分のほとんどがあるといわれます。これも他の島と同様に北東から吹く貿易風が影響していて、湿った風がマウナ・ケア山とマウナ・ロア山に当たり、山の東側に多くの雨を降らせます。そして、山の西側には、雨を降らせた後の湿り気の少ない空気が抜けるため晴れることが多くなります。そのため、天候のよいワイコロアやカイルア・コナ、ケアウホウなど、島の西側にリゾートが多く集中しています。

白煙が上がるキラウエア火山のハレマウマウ火口。

ケアウホウ・リゾートエリアで眺めた全天周の夜空です。写真右の海側（西）は暗いですが、左の山側（東）は雲がよく湧きます。

どこで見えるの？ 南十字星

　ハワイでの高度の低い南十字星を見るための条件は，南の空が暗く開けていることですが，カイルア・コナ方面の市街地は，マウナ・ケア山頂の天文台に配慮して上方に上がらないように考慮したナトリウム灯を街路灯としています．しかし，やはり明るく市街地周辺では，星を見ることが難しくなっています．できれば，ケアウホウより南で見るのがよいでしょう．ただ，海側の西方向は晴れるのですが，山側の東方向は雲が湧くことも多くなります．レンタカーを利用できる場合には，カイルア・コナから11号線を南下して1時間半ほどのところのオーシャンビュー地域から，南方向の溶岩流跡の向こうに太平洋の大海原を望めます．ここは晴天率のよいところでもあります．国道沿いには展望所もありますが，南方向を見るだけでしたら邪魔になりませんが，北側に明るい外路灯があるのが残念です．なお，慣れない道の夜のドライブはくれぐれも注意してください．

　やはり，ハワイ島へ行くならマウナ・ケア山頂のサンライズあるいはサンセットツアーに参加しましょう．標高2800mにあるオニヅカ・ビジターセンターあるいはその付近での星空観察もセットになっていて，天体望遠鏡でいろいろな天体も見せてくれます．南十字星目的ならサンセットツアー参加の場合5〜6月，サンライズツアー参加の場合は1〜2月が適当な時期でしょう．

マウナ・ケア山頂のすばる望遠鏡（右からふたつ目）と朝日によってできたマウナ・ケア山の影です．

ただし，到着時間や観察時間の幅もあるため，南十字星が見えるかどうかなどの詳細はツアー予約の際に確認してください．もし，南十字星が昇らない時期であっても日本ではなかなか見ることのできないマウナ・ケア山の素晴らしい星空を体験できることでしょう．

マウナ・ケア山中腹（標高2800m）のオニヅカ・ビジターセンターで見た南十字星．

33

■サイパン　　　　グアム　　　　北緯15〜13°

最も気軽に行ける海外の南の島といえば，グアムとサイパンです．グアムへは日本から就航している都市も多く，空路で約3時間半で行けるため，たいへん人気の高いリゾートです．サイパンへのフライトは，約3時間の直行便かグアム経由になります．

サイパン島，グアム島はマリアナ諸島に属し，南端にグアム，グアムより北にある島々を北マリアナ諸島と呼んでいます．サイパン島のすぐ南にはテニアン島，サイパン島とグアム島の中間あたりにロタ島があります．

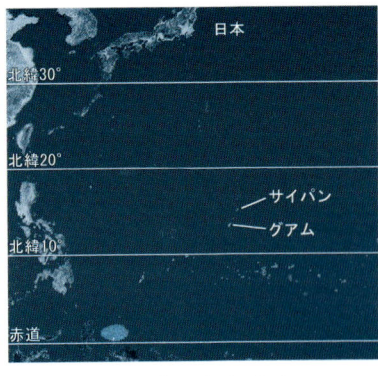

● グアムでの南十字星の見え方

星図と南十字星時刻表で，北緯13°のグアムでは，南十字星が何月の何時にどのような位置にあるのか見てみましょう．北緯15°のサイパンでも似たような位置に見えます．

星空を眺める機会が多いと思われる21時台に南十字星が南の空に昇るのは5月中旬です．このときの高度は，南十字星の中心で17°くらいと，あまり高いとはいえません．しかし，雲で隠されていなければ十分見ることのできる高さです．グアムやサイパンでは4月中旬から6月初旬の間が最も見頃の時期となります．8月から11月中旬までは，見ることができません．それでは，その他の時期ではどうでしょうか．

11月の下旬，早朝5時前には，南南東の地平（水平）線から昇ってきます．この時期に訪れた方は，南南東の空の低い位置に雲が無いことを願って早起きをしましょう．ただし，5時10分過ぎには薄明が始まりますので，時間との勝負です．

8月上旬の夜の早いうち，20時過ぎには，南南西の地平（水平）線に沈んでしまいます．7月下旬に訪れた方は，まだ薄明中の20時前から見る準備をしましょう．明るいケンタウルス座の$\alpha \cdot \beta$星が，南十字星を探すポインターとなるはずです．運がよければ見えるでしょう．

グアムでの南十字星見頃インジケーター

| 1月 | 2月 | 3月 | 4月 | 5月 | 6月 | 7月 | 8月 | 9月 | 10月 | 11月 | 12月 |

※白が夜半前に最も見頃の時期です．色が濃くなるに従って高度が低かったり，南中時刻が夜半過ぎになったりして見づらくなります．黒は一晩中見えません．

どこで見えるの？ 南十字星

グアムでの南十字星時刻表

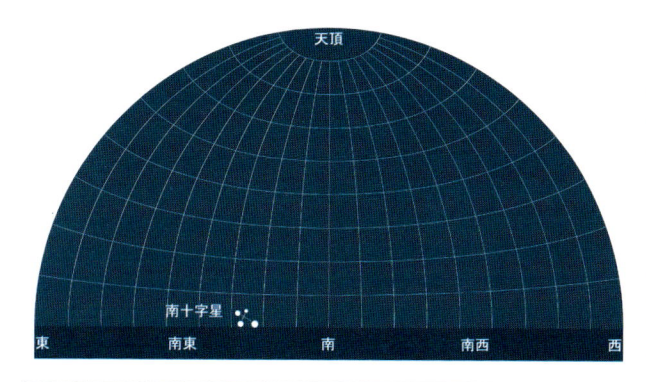

11月中旬の05時30分（薄明中）
12月初旬の04時30分
12月中旬の03時30分
 1月初旬の02時30分
 1月中旬の01時30分
 2月初旬の00時30分
 2月中旬の23時30分
 3月初旬の22時30分
 3月中旬の21時30分
 4月初旬の20時30分

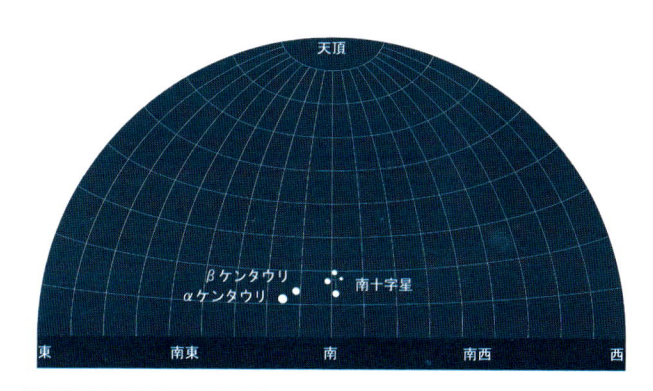

 1月中旬の05時30分
 2月初旬の04時30分
 2月中旬の03時30分
 3月初旬の02時30分
 3月中旬の01時30分
 4月初旬の00時30分
 4月中旬の23時30分
 5月初旬の22時30分
 5月中旬の21時30分
 6月初旬の20時30分

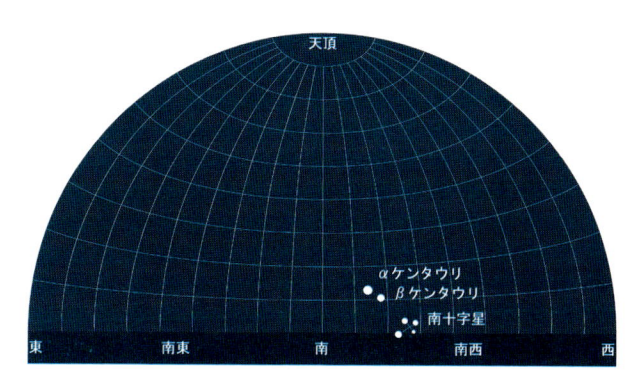

 3月中旬の05時30分（薄明中）
 4月初旬の04時30分
 4月中旬の03時30分
 5月初旬の02時30分
 5月中旬の01時30分
 6月初旬の00時30分
 6月中旬の23時30分
 7月初旬の22時30分
 7月中旬の21時30分
 8月初旬の20時30分

■サイパンの星空情報

正式名は，「アメリカ合衆国自治領 北マリアナ諸島 サイパン」です。アメリカ合衆国の領土の一部で自治権を有します。南北に連なった北マリアナ諸島の14の島からなり，テニアン島やロタ島も含みます。サイパン島は日本から約2400km南に位置し，日本の瀬戸内海にある小豆島と同じくらいの大きさです。日本との時差は＋1時間でほとんど気にならず，日本と同じような生活リズムで旅行を楽しめます。

海洋性亜熱帯気候で，年間平均気温は約28℃．最低平均気温は22℃くらいで，年間気温差の少ないたいへんすごしやすい常夏の島です。四季はなく，7～11月頃の雨季と12～6月頃の乾季に大きくふたつに分けられます．雨季といっても，日本の梅雨時のように雨が降り続けるわけではなく，短時間に激しく降るスコールです．ただ，雨季は台風シーズンでもあり，台風の発生地に近いこともあって，渡航するのにちょっと心配な時期ではあります．乾季には北東の風が吹きます．11～3月頃には少し気温が下がり，湿度も低くなって朝晩は涼しく感じることがあります．乾季の降水量は少なく星空を眺めるにはよい時期です．

サイパン島の西海岸中央にガラパン地区があります．サイパンで一番の繁華街で，高級リゾートホテルが建ち並び，多くのレストランや免税店他，お店がたくさんあり，食事とショッピングのメインスポットになっています．したがって，夜になると街の明かりが空へ立ち上がり，ガラパンの中心部で星空を見上げても，星は明かりにかき消され，その見え方は寂しい状況です．ただ，リゾートホテルの多くは海岸沿いにあるため，海に面した西側の空は，人工灯火の発生源が船くらいしかないので，基本的に暗く美しい星空が望めます．基本的にという理由は，リゾートホテルには明かりがいたるところに点灯していて，星空を見るにはままならない場合が多いからです．治安のことを考えると，ホテルのガーデンや部屋のバルコニーで星を眺められたらよいのですが，多くの明かりに邪魔されることもしばしばで，そのような場合には，ビーチに出るなど行ける範囲で屋外灯などから離れるようにしましょう．

ガラパンの街中．リゾートホテルが建ち並んでいます．

どこで見えるの？ 南十字星

サイパンのリゾートホテルは、ガラパン以外にも南や北に点在していますが、島の西側に位置しているものが圧倒的に多く、南十字星を見るには、ちょっと不利な立地になっています。島の北の方にあるリゾートホテルでは、ビーチから見る正面の星空は北西方向のため海の上に南十字星は見えません。陸側を越えて見ることになります。南西方向にはガラパンの街明かりが気になります。でも、その明るさは都会のレベルではありませんから、南十字星が見づらいことはありません。ガラパンの南にあるホテルも基本的には陸側に南十字星を見ることになりますが、ほぼ南北に渡る海岸線なので、ビーチからは条件さえよければ、南から南南西方向に南中過ぎの南十字星を見ることができることでしょう。

レンタカーで自由に動くことができるならば、島の南部や東部へ移動して、見晴らしのよいところを探せますが、南十字星のウォッチングポイントとしては、北部のグロットがおすすめです。ここはスキューバダイビングのポイントでもありますが、南側の海を一望できるところに展望台があり、南十字星を見るには最高の場所です。

サイパンは、まだまだ自然が多く残るのどかな島です。ガラパンなどの街明かりはありますが、そこを外せば夜空は暗く素晴らしい星空です。

サイパン北部から見た南十字星

ガラパンより北にあるアクアリゾートクラブ・サイパンのビーチから撮影．左下の光芒はガラパンの街明かりです．それでも天の川は見えています．

北部にあるグロット．右が洞窟ダイビングポイントへの入り口，左に展望台があります．

■グアムの星空情報

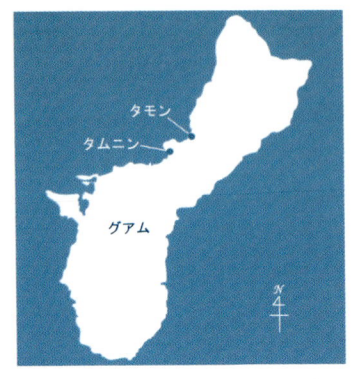

正式名は,「アメリカ合衆国準州 グアム」です.アメリカ合衆国の領地で連邦政府の管理下にあります.西太平洋のマリアナ諸島南部,サイパン島から約200km南にあり,日本からは約2500km離れています.日本の淡路島くらいの面積で,サイパン島の約3倍の大きさがあります.日本との時差はサイパンと同じ+1時間です.

グアムもサイパンと同じく海洋性亜熱帯気候です.年間平均気温は約28℃で,年間の気温差や朝晩の気温差も少ない常夏の島です.四季はなく,6～11月頃の雨季と12～5月頃の乾季に大きくふたつに分けられます.雨季といっても,短時間に激しく降るスコールです.ただ,雨季には雨が集中することもあり,台風が発生する時期でもありますので,天気には一喜一憂させられるかもしれません.11～3月頃は北東の風が吹き,涼しく感じることがあります.乾季の1～2月はスコールも少なく星空を眺めるにはよい時期となります.

グアム島もサイパン島と同じように西海岸にリゾートホテルが建ち並びます.これは,美しいビーチがそこにあったという地形的なことの他に,乾季に強く吹く北東風の影響を受けにくい西海岸の方が,波が穏やかという理由があるのでしょう.これは,サイパン島でも同じです.島の西側の中央よりやや北側にあるタモンビーチに面したタモン地区は,高級リゾートホテルや免税店などのショップ,レストランが最も集中し,人もあふれている中心地です.そこから少し南西のタムニンビーチに面したタムニン地区にも高級リゾートホテルやショッピングモールがあります.

グアムのタモン地区は,サイパンのガラパン地区の比ではないほどに高層のリゾートホテルが林立し,ショップもたくさんあります.したがって,この街の中では星を見るという環境に

タモンの街中.リゾートホテルやお店が集中した繁華街です.

タモンビーチ.美しい砂浜が広がります.

どこで見えるの？南十字星

オンワードビーチリゾートのプールサイドから見たタムニンビーチ．南方向を見ています．

ありません．海方向には，ホテルのプールサイドの明かりを避ければ，街明かりのない暗い空がありますが，タモンビーチから見る正面の星空は北西方向のため，海の上に南十字星は見えません．したがって，ここでは陸方向が南になりますので，なるべくホテルの上層階のオーシャンビューではない陸側（南向き）の部屋で南十字星を見ることが可能になります．ちょっと寂しいですが．

タムニンビーチは西方向が海のため，ここからは条件さえよければ，南から南南西に陸越しですが南中過ぎの南十字星を見ることができることでしょう．サイパンもそうですが，グアムも街の中心地から離れたところでの雲が切れた時の星空は素晴らしく，周りが海のため，そもそも夜空の暗い場所には違いありません．雲がなければ低空の星まで見ることができる空ですので，多少街明かりがあっても，南十字星を見ることにチャレンジしてみましょう．

星を見るということは，夜間行なうため，ホテルの敷地内から見るのが安全上一番よいのですが，ロビーや客室の照明，外灯など明かりが氾濫している場合が多く，はっきり見えません．そのような場合は，照明や外灯などを手で隠して星空を見上げればたくさんの星が見えるはずです．ただ，それでは満足できないかもしれません．そんな方は，タモンやタムニンを少し離れれば美しい星空を見ることができます．離れるほど街明かりから遠ざかり，素晴らしい星空となります．しかし，レンタカーで夜暗いところへ行く場合には異国の地でもありますし，十分注意をしてください．

ホテルの客室から見た，昇るオリオン座．街や空港の明かりが気になりますが，天気がよければ低空まで星を見ることができます．

■パラオ　　　　　　モルディブ　　　　北緯7°〜赤道

　白い砂浜，青い空，エメラルドグリーンの海．水中に群れるカラフルな熱帯の魚やサンゴを見たい！　こんなあこがれの楽園といえば，パラオやモルディブなど赤道に近い南の島々でしょう．

　西太平洋に位置するパラオへ空路で行くには，成田発直行便を利用すれば約5時間で行けます．直行チャーター便も不定期に出ています．グアム経由の定期便が一般的ですが，ソウル経由の定期便もあります．

　インド洋にあるモルディブへ空路で行くには，成田発直行便の利用で約10時間半かかります．他には，シンガポールやクアラルンプールなどを経由する定期便が出ています．航空会社の路線は常に変わりますので，新しい情報を入手してください．

●マーレ（モルディブ）での南十字星の見え方

　星図と南十字星時刻表で，北緯4°のモルディブの首都マーレでは，南十字星が何月の何時にどのような位置にあるのか見てみましょう．モルディブはサンゴ礁でできた環礁の国で，マーレはその中のひとつの島です．モルディブは北緯7°から赤道直下くらいまで，南北に長いですが，南十字星はどの島でもおおよそマーレと似たような位置に見えます．北緯7°のパラオや，その他，北緯3°のクアラルンプール（マレーシア），北緯1°のシンガポールでも同様です．

　星空を眺める機会が多いと思われる21時台に南十字星が南の空に昇るのは5月中旬です．このときの高度は，南十字星の中心で25°くらい．少しあごを上げれば見つけられる，見やすい高さになります．11月の中旬，早朝4時過ぎには，南南東の地平（水平）線から昇ってきますが，この時期，5時には薄明で見づらくなってしまいます．そして，8月中旬の20時過ぎには，南南西の地平（水平）線に沈みかけます．

モルディブでの南十字星見頃インジケーター

| 1月 | 2月 | 3月 | 4月 | 5月 | 6月 | 7月 | 8月 | 9月 | 10月 | 11月 | 12月 |

※白が夜半前に最も見頃の時期です．色が濃くなるに従って高度が低かったり，南中時刻が夜半過ぎになったりして見づらくなります．黒は一晩中見えません．

どこで見えるの？南十字星

マーレ（モルディブ）での南十字星時刻表

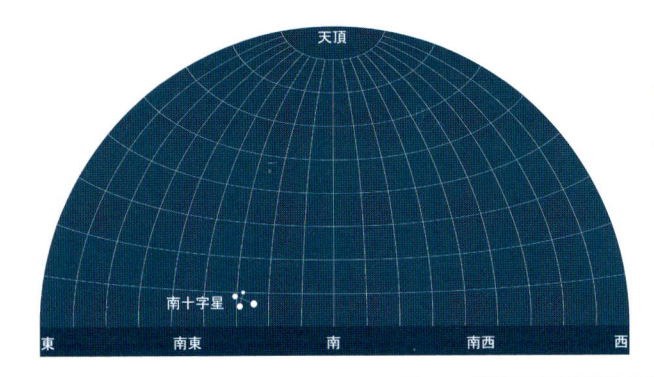

11月中旬の04時30分
12月初旬の03時30分
12月中旬の02時30分
1月初旬の01時30分
1月中旬の00時30分
2月初旬の23時30分
2月中旬の22時30分
3月初旬の21時30分
3月中旬の20時30分
4月初旬の19時30分

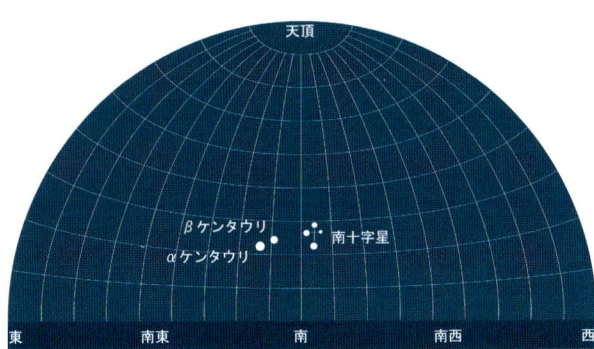

2月初旬の04時30分
2月中旬の03時30分
3月初旬の02時30分
3月中旬の01時30分
4月初旬の00時30分
4月中旬の23時30分
5月初旬の22時30分
5月中旬の21時30分
6月初旬の20時30分
6月中旬の19時30分

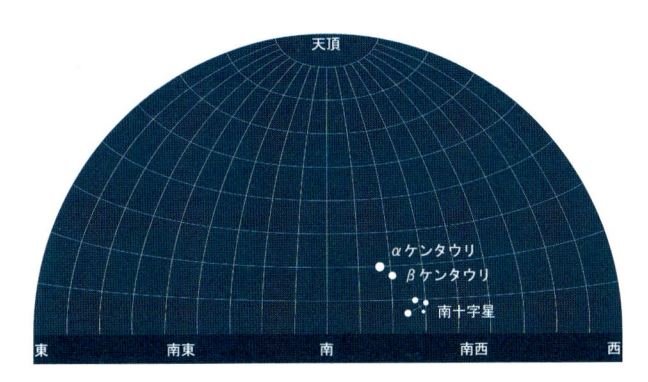

4月初旬の04時30分
4月中旬の03時30分
5月初旬の02時30分
5月中旬の01時30分
6月初旬の00時30分
6月中旬の23時30分
7月初旬の22時30分
7月中旬の21時30分
8月初旬の20時30分
8月中旬の19時30分

■パラオの星空情報

　正式名は、「パラオ共和国」です。ベラウとも呼ばれています。1994年に国連から委託を受けたアメリカの信託統治から独立しました。ミクロネシア地域の西部に位置し、日本からは真南に約2700km離れています。パラオ諸島は北東から南西へ1000km以上にもおよぶ海域に200以上の島々が点在するといわれます。その中で最も大きな島が、バベルダオブ島で日本の淡路島の半分くらいの面積です。パラオは日本との時差はありません。日本と同じ時間感覚でリゾートを満喫できます。

　海洋性熱帯気候で、年間平均気温は約28℃、年間を通して気温差の少ない常夏の島で、朝晩の気温差もあまりありません。もちろん四季はなく、6〜10月頃が雨季、11〜5月頃が乾季と分けられます。高温多湿ではありますが、2〜3月が比較的雨も少なくベストシーズンです。しかし、乾季に雨の降らない日が続いた後で、三日間ほど雨がシトシトと降った経験もあり、星空を見るための天気は、やはり運を天に任せるしかありません。

　パラオで最も有名な景観といえば、ツアーパンフレットや旅行ガイドブックでもおなじみのマッシュルーム型をした小島、ロックアイランドです。これは、パラオの美しい風景の象徴となっています。パラオでは、ロックアイランドの名勝であるミルキーウェイ（石灰質の泥が海底に沈殿して入り江が乳白色に見えるため、こう呼ばれます。天の川のことではありません）や純白の砂州ロングビーチなどを巡るアイランドホッピングツアーや世界有数の透明度と魚影を誇る海でのダイビング・シュノーケリングが観光の目玉です。

　パラオ国際空港からコロール島へは橋で渡れます。コロールは2006年まで首都でした（現在はマルキョク）。ここは、パラオ最大

パラオといえばマッシュルーム型のロックアイランドです。

コロールのメインストリート。パラオの中心街ですが、ビルが林立しているわけでもなく田舎町といった感じです。

どこで見えるの？南十字星

パラオロイヤルリゾートの東向き客室からバルコニー越しに見た南十字星です。

の街でショッピングセンターやレストランがあります．ホテルも，このコロール島やすぐ隣のこちらも橋で渡れるアラカベサン島やマラカル島に数多く集中しています．

　パラオでは，このホテルの多い各島で，深夜2時（18歳未満は深夜0時）から朝6時まで夜間外出禁止令が制定されていますので注意してください．治安のよいところですが，このような法律がある以上，夜は遅くまで出歩かない方が無難です．したがって，通常はホテルの敷地内で星空観望をすることになります．

　南十字星を見るためには，南向きの部屋に当たればラッキーです．建物や木立，山などがなく目の前が開けていればチャンスです．南十字星が見られる時期に時間を合わせ，後は雲が無いことを願うばかりです．不運にも，部屋が南向きでなかったら，ガーデンやビーチに出ることになりますが，ビーチは安全上の理由で，夜間立ち入れないホテルもあります．そんな場合は，ガーデン内でなるべく南の開けた外灯など照明の少ない場所を探しましょう．

　パラオで夜，明かりが気になるのはコロールの街とマラカル島の港からのものがほとんどです．その明かりも日本の街明かりと比べれば小規模なものですから，それ以外の方向は，雲があってもわからないような暗い夜空です．

パラオパシフィックリゾートの旧日本軍水上飛行機発着場跡から見た南東方向の星空です．マラカル島やコロール方向の街明かりがありますが，天の川がしっかり見えます．

43

■モルディブの星空情報

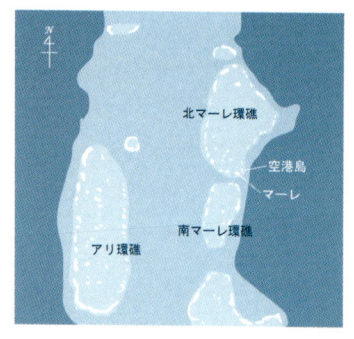

　正式名は、「モルディブ共和国」です。スンニ派イスラム教が国教となっているイスラム教国です。インド洋の南西600kmのところに、サンゴ礁が環状に形成された環礁が26あり、その環礁は南北約800km以上に渡っています。それぞれの環礁の中に合計約1200の島々があり、島の大きさはどれも歩いて1周できるほどの小さな島ばかりです。人が住んでいる島は約200、リゾート島は約90あるといわれています。ひとつの島にはひとつのリゾートしか認められません。

　海洋性熱帯気候で、年間平均最高気温が約30℃、平均最低気温は25℃と通年で気温差の少ない常夏の島です。首都マーレでは、ビルが立ち並び風通しが悪いため、高温多湿を実感することになりますが、リゾート島では、爽やかな海風を受けたいへん心地よくすごせます。11〜4月頃の北東モンスーンが吹く乾季と5〜10月頃の南西モンスーンが吹く雨季のふたつに分けられます。モルディブの乾季中でも2〜3月は、降雨量が少なく快晴の日が続くことの多いベストシーズンです。雨季は厚い雲がかかり、雨が降りやすいですが、雲がすっきり切れて、快晴とまではいかないまでも青空が広がることはよくあります。

　モルディブといえば、シュノーケリングやスキューバダイビングで熱帯の魚と遊ぶといったことがメインのアクティビティで、他に、島の小さな砂浜でのんびりすることくらいしかやることはありませんが、さざ波の音を聴きながら椰子の木と海と青空に浮かぶ雲を見ているだけで心癒されます。リゾートの小島では、普段の生活と明らかに違う環境の中で滞在します。車やバイクのエンジン音が無いというのもそのひとつです。

それぞれのリゾート島は小さいので、すぐに白砂のビーチです。

　首都マーレはひとつの島で、そこがモルディブの政治と経済の拠点になっています。島全体を埋め尽くすようにビルが所狭しと建ち並んでいて、広い海上に忽然と現れた都会といった様

マーレはリゾート島とは一転、人とバイクそして車も多く家々も密集しています。

どこで見えるの？南十字星

南マーレ環礁にあるビヤドゥ島から見た沈みかける南十字星．

南十字星

相です．ゆったりと時間が流れるリゾート島とは全く違います．

　マーレからボートで10分くらい離れたところに空港島があり，各リゾート島へは，空港島からスピードボートや水上飛行機でアクセスします．マーレは北マーレ環礁の南部に位置します．モルディブにはそれぞれの環礁にたくさんのリゾート島がありますが，多くの旅行者が訪れるのは，北マーレ環礁，南マーレ環礁とアリ環礁です．南北のマーレ環礁にあるリゾート島は，スピードボートで15分から1時間の範囲にあり，アリ環礁のリゾートは少し離れているので，水上飛行機を利用して約30分かかります．

　1島1リゾートのモルディブでは，大型リゾートホテルのように人工灯火の光が氾濫していないので，星を見るためには無用な明かりを避けることが容易で，そこにある本来の素晴らしい星空を眺めることができます．椰子の木をシルエットに美しい星空を堪能できるのです．ただし，孤島ではなく群島なので近隣のリゾート島や人が住む島の明かりが目につくことがあります．特にマーレの街明かりが，数十km離れたリゾート島からでも気になります．基本的に暗い空なので余計です．全天に渡って真っ暗な空を望むのでしたら，アリ環礁などのマーレから遠い環礁にするべきかもしれません．

ビヤドゥ島から見たマーレの街明かり．ちなみに低い北極星がわかるでしょうか．

45

■バリ（インドネシア）　　　　　　南緯8°

　リゾートホテルが各地に建設され，今や一大リゾート島となったインドネシアのバリ島には，日本やオーストラリアなどからたくさんの旅行者が訪れます．

　バリ島はジャワ島のすぐ東隣にあります．バリ島（デンパサール国際空港）へ空路で行くには，人気のある観光地だけあって，インドネシアの首都であるジャカルタを経由する必要はなく，成田，関西，中部の各空港から直行便があり約7時間で結ばれています．その他，世界各都市を経由して行く方法がありますが，シンガポール経由かソウル経由が乗り継ぎに多くの時間を必要とせず，利用しやすいでしょう．航空会社の路線は常に変わりますので，新しい情報を入手してください．

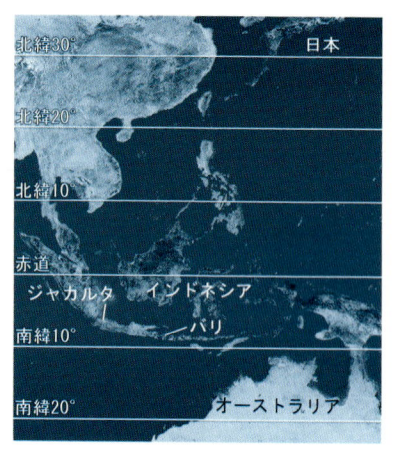

●バリでの南十字星の見え方

　星図と南十字星時刻表で，赤道を越えた南緯8°のバリでは，南十字星が何月の何時にどのような位置にあるのか見てみましょう．

　星空を眺める機会が多いと思われる21時台に南十字星が南の空に昇るのは5月中旬です．このときの高度は，南十字星の中心が40°近くまで昇り，建物や木立など多少の障害物があっても見やすい高さになります．

　バリでは3月中旬から7月初旬の間が夜半前に最も見頃の時期となります．9月下旬から10月上旬くらいまでは，夜の暗いうちに地平（水平）線から姿を現さず見ることのできない時期となります．

　10月下旬の早朝4時半頃には南南東の地平（水平）線上に昇っています．ただし，この時期5時15分前には薄明が始まりますので注意しましょう．9月中旬の夜の早いうち，19時半には，ギリギリ南南西の地平（水平）線上に横たわっていますが，雲のある可能性が高く見えたら幸運です．

バリでの南十字星見頃インジケーター

1月	2月	3月	4月	5月	6月	7月	8月	9月	10月	11月	12月

※白が夜半前に最も見頃の時期です．色が濃くなるに従って高度が低かったり，南中時刻が夜半過ぎになったりして見づらくなります．黒は一晩中見えません．

どこで見えるの？南十字星

バリ（インドネシア）での南十字星時刻表

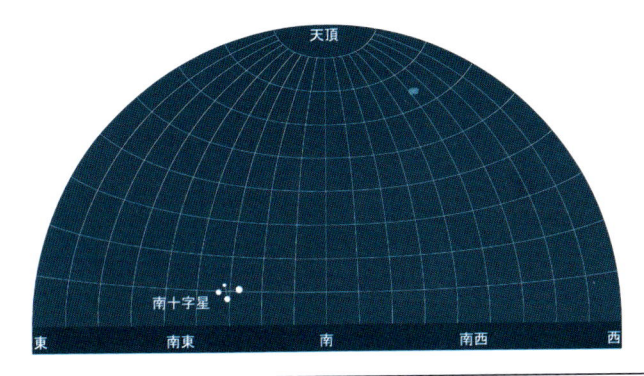

11月初旬の04時30分
11月中旬の03時30分
12月初旬の02時30分
12月中旬の01時30分
1月初旬の00時30分
1月中旬の23時30分
2月初旬の22時30分
2月中旬の21時30分
3月初旬の20時30分
3月中旬の19時30分（薄明中）

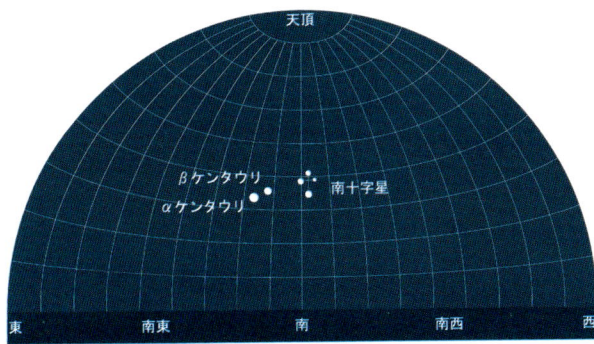

2月初旬の04時30分
2月中旬の03時30分
3月初旬の02時30分
3月中旬の01時30分
4月初旬の00時30分
4月中旬の23時30分
5月初旬の22時30分
5月中旬の21時30分
6月初旬の20時30分
6月中旬の19時30分

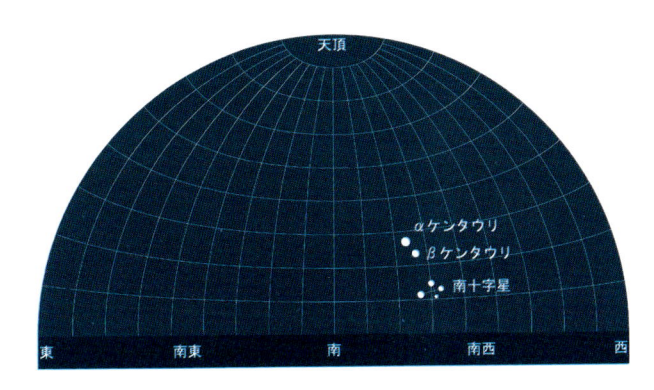

4月中旬の04時30分
5月初旬の03時30分
5月中旬の02時30分
6月初旬の01時30分
6月中旬の00時30分
7月初旬の23時30分
7月中旬の22時30分
8月初旬の21時30分
8月中旬の20時30分
9月初旬の19時30分

■バリの星空情報

　バリ島は，スマトラ島からニューギニア島まで東西に長く，多くの島からなるインドネシア共和国の中間に位置します．日本の愛媛県と同じくらいの面積で東西約150kmに渡る大きな島です．バリ島と日本との時差は－1時間で，ほとんど気になりません．

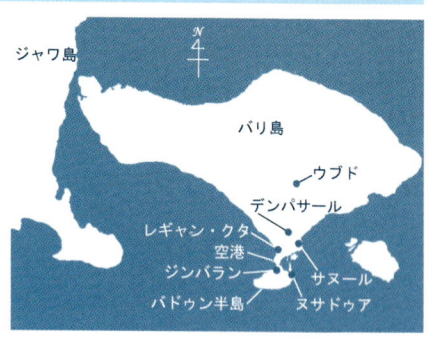

　熱帯性モンスーン気候で，最高気温は年間平均約32℃，最低気温は年間平均約25℃と高温多湿です．東からの季節風が吹く4〜10月頃の乾季と西からの季節風が吹く11〜3月頃の雨季に分けられます．乾季は晴れる日が多いので星を見るには適しています．ただ，昼と夜の寒暖の差がありますので注意してください．雨季の降雨量は多く湿度も高くなります．もちろん雲が切れて晴れ間がのぞくこともあります．

　バリではイスラム教徒の多いインドネシアにあって，バリ島独自のバリ・ヒンドゥーを信仰している人たちが人口の9割を占めます．バリ・ヒンドゥーの寺院がいたるところにあり，民家の敷地内に家族用のお寺もあるほどです．祭事も多いため，バリは神々の島と呼ばれます．バリの人口は年々増え続け400万人を越えたといわれています．それほど人口が多いのかと思わせるほど，デンパサールやクタなどの街の中心部に高層ビルは無く，少し街を離れると田園風景が広がり，それはちょっと前の日本の田舎の風景に似たところがあります．違うのはあぜ道に椰子の木が生えていること．荘厳なガムランの音色といい，バリ特有の風景と文化は心に触れるものがあります．

　バリ島南部には，多くの高級リゾートが点在しています．空港のすぐ北に位置するクタやレギャン，空港から30分ほど東のサヌール，空港の南側，バドゥン半島には，ジンバランやヌサドゥアといった大型リゾ

ウブドから少し北に行ったところにあるバリの名勝ライステラス（棚田）．

いい波が立つとサーファーに人気がある黄昏時のレギャンビーチから南十字星の昇る南方向を見ています．

どこで見えるの？南十字星

ートが開発されています。多くの旅行者はこのあたりのリゾートを拠点として、エステにサーフィン、海で遊んだり観光を楽しみます。クタなどデンパサールに近い南部のリゾート地は街明かりが多く美しい星空を望むことは難しいですが、南十字星は明るい星で形作られた星座ですから、南中高度が高くなる時期には、晴れれば見ることができるでしょう。ウブドは山側にある人気のリゾートです。ここまで来れば、天

レギャンの街中。店が軒を並べ、夜になっても人通りは多く賑やかです。

の川も見ることができる暗さです。ただし、南側はデンパサール方向になり、街明かりで夜空は明るくなっています。

クタやレギャンは土産物屋や飲食店が軒を並べています。食事は安くておいしいのですが、夜間の行動は治安的に不安の募るところです。バリでの星見はホテルの敷地内で行なうのが安全です。パッケージツアーで宿泊するような大型リゾートホテルはセキュリティもしっかりしています。

■リゾートの明かりは手で隠そう

そもそもリゾートは都会の喧騒から離れリラックスできる場所です。そのため立地は、南の小さな島であればもちろんのこと、そうでなくても街中から離れた星空の綺麗な場所にあることが多いのですが、ホテルの敷地内各所に屋外灯が煌々と灯されていることがほとんどです。宿泊客の安全のためには致し方ないことなのですが、外灯の光が目に入ってきてはせっかくの美しい星空を見ることができません。こんなときは、照明を手で遮って星空を眺めてみましょう。光が目に入ってこないようにすると、結構たくさんの星が見えますよ。

屋外灯が目に入ると星空が見えません。 　　照明を手で覆うと星が見えてきます。

■フィジー　　　タヒチ　　　南緯17°

　赤道より南に散らばった島々を南太平洋の楽園と称することがありますが，フィジーやタヒチはまさに南国のパラダイスです．

　空路でフィジーへ行くには日本から直行便が無く（2012年1月現在），ソウル経由が最も乗り継ぎの便がよいでしょう．他に香港経由などもあります．タヒチへは成田から直行定期便があり，11〜12時間かかります．フィジー，タヒチどちらへ行くにしても遠く時間がかかりますが，そこには，格別な美しい風景が広がるあこがれのリゾートが待っています．航空会社の路線は常に変わりますので，新しい情報を入手してください．

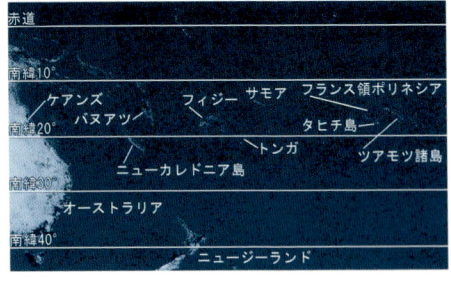

● フィジーでの南十字星の見え方

　星図と南十字星時刻表で，南緯17°のフィジーでは，南十字星が何月の何時にどのような位置にあるのか見てみましょう．同様に南緯17°付近にあるタヒチやオーストラリアのケアンズでもほぼ同じ位置に見えます．

　星空を眺める機会が多いと思われる21時台に南十字星が南の空に昇るのは5月中旬です．このときの高度は，南十字星の中心が45°を越え50°近くまで高くなり，結構見上げることになります．月の高度が低いときは大きく見え，高度が上がると小さく感じる（実際に小さくなるわけではありません）のと同じように，高く昇った南十字星は全天で最も小さな星座ということを実感することでしょう．

　フィジーでは3月初旬から7月中旬の間が夜半前に最も見頃の時期となります．フィジーくらいの緯度まで南下してくると，夜の暗いうちのいつかの時間に南十字星は地平（水平）線上にいるのですが，9月下旬から10月上旬くらいまでは，夕方から夜の早いうちに沈み，昇ってくるのは明け方と，どちらにしても地平（水平）線から高度の上がらない低い位置にあるので，とても見づらい時期となります．空の低いところに雲が無く運がよければ見ることができます．

フィジーでの南十字星見頃インジケーター

1月	2月	3月	4月	5月	6月	7月	8月	9月	10月	11月	12月

※白が夜半前に最も見頃の時期です．色が濃くなるに従って高度が低かったり，南中時刻が夜半過ぎになったりして見づらくなります．

どこで見えるの？南十字星

フィジーでの南十字星時刻表

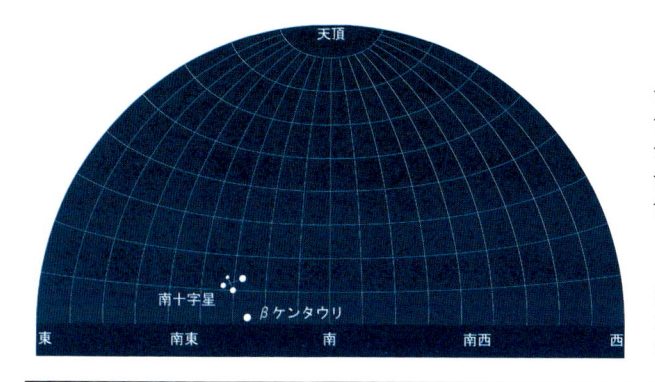

10月中旬の04時30分
11月初旬の03時30分
11月中旬の02時30分
12月初旬の01時30分
12月中旬の00時30分
1月初旬の23時30分
1月中旬の22時30分
2月初旬の21時30分
2月中旬の20時30分
3月初旬の19時30分（薄明中）

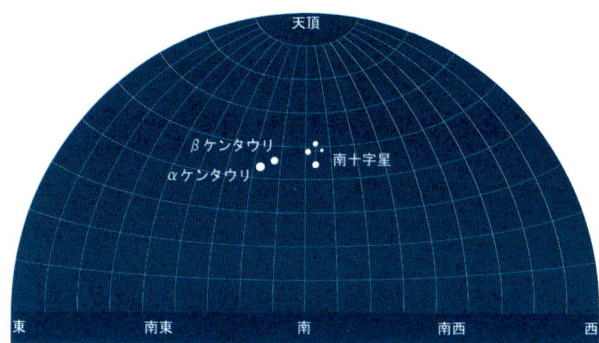

2月初旬の04時30分
2月中旬の03時30分
3月初旬の02時30分
3月中旬の01時30分
4月初旬の00時30分
4月中旬の23時30分
5月初旬の22時30分
5月中旬の21時30分
6月初旬の20時30分
6月中旬の19時30分

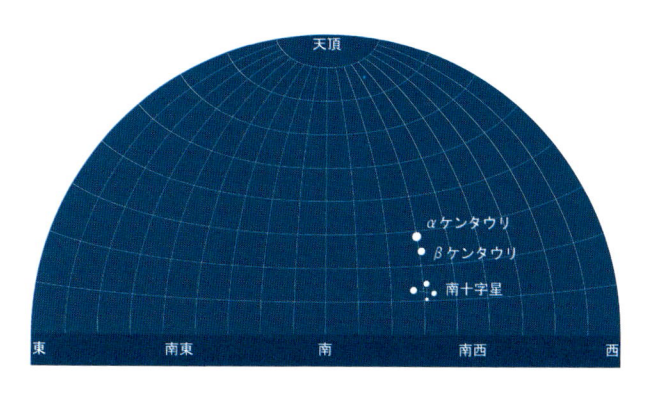

5月初旬の04時30分
5月中旬の03時30分
6月初旬の02時30分
6月中旬の01時30分
7月初旬の00時30分
7月中旬の23時30分
8月初旬の22時30分
8月中旬の21時30分
9月初旬の20時30分
9月中旬の19時30分

■フィジーの星空情報

　正式名は，「フィジー共和国」です．オーストラリアの東約3000kmの南太平洋上にあり，西にバヌアツ，ニューカレドニア，東にトンガがあります．300以上の島で成り立ち，小さな島の多くはサンゴ礁で形成された島々で，首都スバのあるビチレブ島など大きな島は火山島です．通常観光客が多く訪れる島はビチレブ島で，その面積は日本の四国の半分より少し大きいくらいです．島の西側に国際空港のあるナンディがあり，旅行者はほとんどこちらの空港に降り立ちます．首都であるスバは政治と経済の中心であり，あまりリゾート観光地化されていません．日本との時差は＋3時間で，ギリギリ日付変更線を越えないので時差の計算が楽です．

　フィジーは南太平洋の島なのに少し不思議な感じを受けることがあります．インド系の人たちを多く見かけるからです．先住民であるフィジー人が半数以上を占めますが，インド系の国民も約4割います．彼らは英国植民地時代にサトウキビプランテーションのために移民してきた労働者の子孫です．マイペースなフィジー人より商才に長け，政治的にも影響力を及ぼしています．

　年間平均気温は約25℃でとてもすごしやすいところです．11～4月頃の雨季と5～10月頃の乾季に分かれます．乾季の夜は20℃を切るようなこともありますので，薄い上着があるとよいでしょう．ビチレブ島の中央に1323mのトマニビ山や1130mのマナバトゥ山があることから，島の東側は貿易風の影響で雨が多く，西側は東側に比べて雨が少ないためリゾートが数多くあります．熱帯雨林気候のフィジーですが，島の西側は熱帯モンスーン気候に分類されています．ビチレブ島の西に点在するリゾートアイランズともよばれるママヌ

ナンディタウン．700mくらいのメインストリートに店が並びます．

ビチレブ島の南西，インターコンチネンタル・フィジーのあるナタンドラビーチから南方向を見ています．

どこで見えるの？南十字星

ザ諸島も、1年を通して晴れる日が多く美しい風景とリゾートライフが楽しめます。

　フィジーへはオーストラリアやニュージーランドからの観光客が圧倒的に多く、彼らにとっては、日本人がグアムやサイパンへ行く感覚と同じなのでしょう。ビチレブ島の西から南にかけて高級リゾートが点在しています。中でもナンディのすぐ西、デナラウ地区には、高級リゾートホテルが建ち並んでいます。ナンディの人口は3万人ほどで、土産物屋が軒を並べるナンディタウンもこぢんまりとしているため街の明かりはそれほどでもなく、基本的に暗い夜空なのですが、やはりリゾート敷地内の明かりが気になります。これは、ナンディの街から離れた島の南のナタンドラやコーラルコーストにあるリゾートでも同じで、なるべく外灯の影響の少ないところを探さなければなりません。星空を見ることが大きな目的であれば、ママヌザ諸島などのリゾート島に宿泊されることをおすすめします。昼間は美しいサンゴの海、夜は周りに街明かりのない暗い星空を満喫できます。ただし、敷地内の明かりはやはりあります。

　セキュリティのしっかりしたリゾートでは、真夜中の暗い場所で星を見ていると警備員に遭遇することもあります。そのようなときは、笑顔で美しい星空ですねなどといって不審者扱いされないようにしましょう。あちらも笑顔で応えてくれるはずです。

ママヌザ諸島にあるサンゴ礁の海がとても綺麗なマナ島。

マナアイランドリゾートでの星空.

■タヒチの星空情報

　正式名は,「フランス領ポリネシア」です. 1880年にフランスの植民地となり,現在では自治権を有しています. タヒチ島はオーストラリアの東約6000kmの南太平洋上に浮かび,タヒチ島の属するソシエテ諸島など五つの諸島群に合計百数十の島々があります. スキューバダイバーに人気のランギロア環礁があるツアモツ諸島のようにサンゴ礁による環礁の島々とタヒチ島やモーレア島,ボラボラ島のような火山島があります. タヒチの首都パペーテがあるタヒチ島は日本の佐渡島の倍くらいの大きさがあります. 旅行者はこのパペーテの空港から各島へ渡ります. 日本との時差は－19時間で日付変更線を越えるため計算が厄介です. 日本時間に5時間足して1日引きます.

　海洋性亜熱帯気候で,年間平均気温は約25℃と,とてもすごしやすいところです. 11〜4月頃の雨季と5〜10月頃の乾季に分かれます. 雨季は高温多湿でサイクロンが発生することがあります. 乾季は好天に恵まれることが多くベストシーズンです.

　タヒチ島の中央には標高2237mのオロヘナ山という高い山があり,東から吹く貿易風が山に当たって島の東側で雨の降ることが多いので,雨の少ない風下の西側にリゾートホテルがたくさんあります. 高い山の無いサンゴ礁の島では,貿易風の影響による雨の心配はありません.

　かつて画家ゴーギャンが魅せられた南海の楽園タヒチ. 火山島や環礁などリゾート

タヒチ島から見える対岸のモーレア島.

ボラボラ島の水上コテージ.

タヒチでの天の川.

どこで見えるの？南十字星

は広範囲に点在します．その玄関口となるのが国際空港と大きな港があるタヒチ島北西部に位置するパペーテです．行政と商業の拠点ですが，中心部は半日あれば回れる小さな街です．街中を過ぎるとすぐに自然豊かな風景が広がります．このパペーテ周辺には大型のリゾートホテルが集中しています．他のリゾート島へ渡った後，帰国の際のフライト時間調整に利用することも多いでしょう．やはり大型リゾートということで，星を見る条件としてはあまりよくありません．敷地内の明かりをうまく避けて星座を探すということになります．南十字星は明るい星で形作られていますし，タヒチでは，時期と時間がよければ高く昇るので，見つけるのにあまり苦労はしないでしょう．

　タヒチといえば，海の美しい離島に行ってみたくなります．タヒチ島のすぐ隣には，映画のモデルとなった美しい島，モーレア島があります．北西に260km離れたところには，誰もがあこがれるブルーラグーンがとても美しいボラボラ島があり，そこには，水上コテージを有する高級リゾートがたくさんあります．月の無い夜には水平線がどこかわかりません．雲が湧いていてもよくわからない暗い空です．ただ，これも外洋側を見た場合で，島側には少ないながらも街明かりはあります．ご多分に漏れず，リゾートの敷地内では椰子の木を照らす照明や水上コテージの明かりもあります．それでもタヒチ島の大型リゾートほどではありません．時期がうまく合えば，天の川中心方向の濃い部分が頭上の高い位置に見えることでしょう．

インターコンチネンタルリゾート・タヒチでの南十字星．

南十字星

■シドニー（オーストラリア）　南緯34°／ニュージーランド
1年中南十字星が見えるところ

　日本では経験することのできない星空を求めて南半球へ出かける．これは，星を見ることが大好きな人ならば，オーロラや皆既日食を体験しに行くのと並んで，是非ともかなえたい夢のひとつでしょう．その願いを実現するためにオーストラリア南部やニュージーランドまで南下すれば，より南半球の星空を堪能できます．

　オーストラリアのシドニーへ空路で行くには，成田からの直行便で10〜11時間くらいかかります．他の日本の主要空港からは，オーストラリア国内経由か香港やシンガポールなどを経由する方法があります．

　ニュージーランドへは，成田と関西からオークランドやクライストチャーチへ直行便が出ており11〜12時間くらいかかります．オーストラリアとニュージーランドどちらも南北の移動で地球の裏側へ行くほどの遠距離感はないのですが，結構時間がかかります．フライト時間は季節による風向きや往路か復路かによっても変動します．航空会社の路線は常に変わりますので，新しい情報を入手してください．

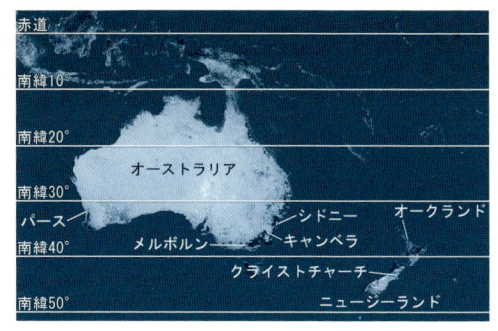

●シドニー（オーストラリア）での南十字星の見え方

　星図と南十字星時刻表で，南緯34°のシドニーでは，南十字星が何月の何時にどのような位置にあるのか見てみましょう．同じオーストラリア南東部の都市キャンベラやメルボルン，西部のパースでもおおよそシドニーと似た位置に見えます．

　星空を眺める機会が多いと思われる21時台に南十字星が南の空に昇るのは5月中旬です．このときの高度は，南十字星の中心で65°くらい．これだけの高度になるとかなり高く，ただ頭を上げるだけではなく，ちょっとお腹を出さないといけません．シドニーでは地平線下へ沈まない周極星座となり，1年中見ることが可能です．そして，ニュージーランドまで行くと，もう余裕で天の南極の下方通過をして行きます．

シドニーでの南十字星見頃インジケーター

1月	2月	3月	4月	5月	6月	7月	8月	9月	10月	11月	12月

※白が夜半前に最も見頃の時期です．色が濃くなるに従って高度が低かったり，南中時刻が夜半過ぎになったりして見づらくなります．

どこで見えるの？南十字星

シドニーでの南十字星時刻表

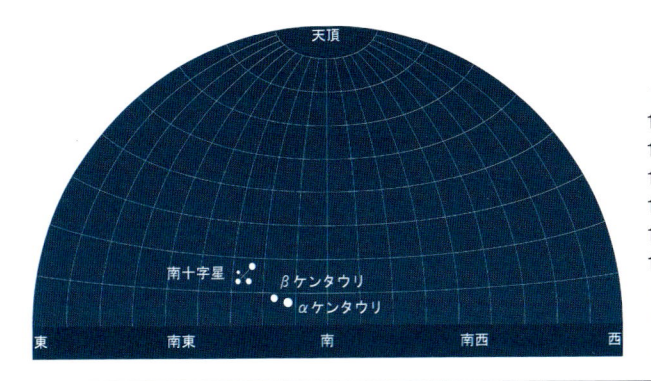

9月中旬の04時30分
10月初旬の03時30分
10月中旬の02時30分
11月初旬の01時30分
11月中旬の00時30分
12月初旬の23時30分
12月中旬の22時30分
1月初旬の21時30分
1月中旬の20時30分（薄明中）
2月初旬の19時30分（薄明中）

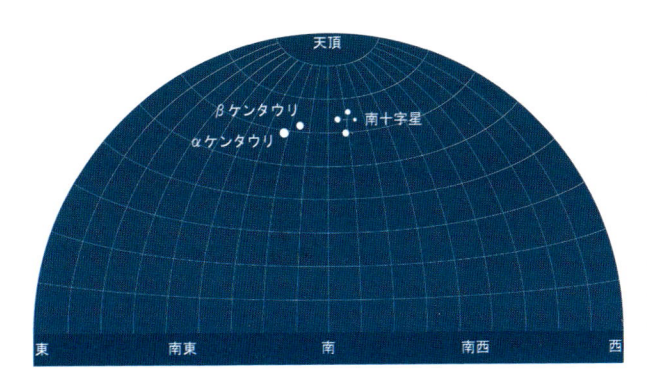

2月初旬の04時30分（薄明中）
2月中旬の03時30分
3月初旬の02時30分
3月中旬の01時30分
4月初旬の00時30分
4月中旬の23時30分
5月初旬の22時30分
5月中旬の21時30分
6月初旬の20時30分
6月中旬の19時30分

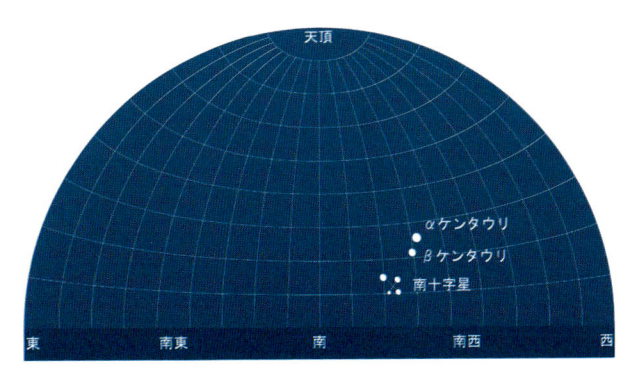

6月初旬の04時30分
6月中旬の03時30分
7月初旬の02時30分
7月中旬の01時30分
8月初旬の00時30分
8月中旬の23時30分
9月初旬の22時30分
9月中旬の21時30分
10月初旬の20時30分
10月中旬の19時30分（薄明中）

※ここに書かれた時間はサマータイムを加味していません．サマータイム期間中は1時間足してください．

■シドニーの星空情報

オーストラリアはひとつの大陸を国土としている広大な国です．その南東部にあるシドニーは，西海岸性気候で，年間平均最高気温は約26℃，年間平均最低気温は約8℃と1年を通して温暖です．南半球なので，もちろん季節は日本と逆転しますが，湿度が低いため1日の気温差が大きく，夏の昼間は暑いですが夜は涼しく感じます．また，冬なのに日差しが強く，暖かく快適にすごせたりします．冬にあたる8月から10月が比較的降水量が少なめで，星空を見るには適しているでしょう．

シドニーは日本との時差が+1時間です．シドニーのあるニュー・サウス・ウェールズ州では，サマータイム（夏時間）を採用しています．原則として10月の第一日曜日から4月の第一日曜日までで，時計を1時間すすめなければなりません．なお，オーストラリア国内は三つの時間帯に分けられ，サマータイムを実施していない州もありますから注意が必要です．実施期間も毎年各州で決められます．前ページの南十字星時刻表はサマータイムを反映していませんので，期間中は1時間足してください．

シドニーは人口400万人を超えるオーストラリア最大の都市です．中心街は高層ビルが並ぶ大都会ですが，ビーチや公園が多く自然に恵まれた美しい街です．都会ゆえやはり街中は相当明るく，もちろん天の川など見えません．しかし，空気が乾燥しているため，空の透明度は比較的よく，明るい星は日本の都会で見るより輝いて見えます．したがって，明るい星で構成された星座はたどりやすく，南十字星も見つけるのは容易でしょう．

シドニー，ランドウィック地区で見たニセ十字星．

■ニュージーランドの星空情報

　人口より羊の数の方が多いニュージーランドは，街を離れると牧場が広がります．北島には最大の都市オークランドや首都ウェリントンがあり，南島には島の西部に標高3754mのアオラキ山（マウントクック）など3000m級の頂を誇るサザンアルプスが南北に貫きます．

　温帯気候ですが，北島の北部は亜熱帯気候でもあり，東オーストラリア海流によって全土が温暖で年間の気温差も小さい国です．冬でも晴れたときの日差しは強いため，1日の気温差が大きく，天気の変化も激しいのが特徴です．ニュージーランドは夏に雨が少なく，冬の時期に降水量が多くなります．特に北島の冬に顕著です．また，南島はサザンアルプスの山々によって，島の西側は雨が多く降りますが，そのおかげで東側は乾いた風となり降水量は少なくなります．

　ニュージーランドは日本との時差が＋3時間です．日付変更線を越えないので時間の計算が楽です．原則として9月の最終日曜日から4月の第一日曜日までサマータイム（夏時間）を採用しているので，夏の時刻には注意しましょう．実施期間は毎年決められます．

　ニュージーランドの南島と北島は，南緯34〜47°に位置しますが，その全土で南十字星は1年中沈まない周極星座として見えます．大きな都市は少なくオーストラリアと並ぶ夜空の暗い場所として，南半球の星空を求める多くの人たちが訪れます．日本人観光客も宿泊することが多いクイーンズタウンは美しく小さな街で，南十字星を見るには最適なところでしょう．ミルキーブルーが美しいテカポ湖周辺はとても暗く素晴らしい星空が見える場所です．ここは星空を世界自然遺産に申請することを目指しています．

星空の綺麗なテカポ湖畔にある善き羊飼いの教会．

✦ 日本でも南十字星が見える！

南十字星の全体は一番下（南）のα星が地平（水平）線より昇る北緯27°より南へ行けば見ることができます．日本では，沖縄本島以南，小笠原諸島以南の島で地平（水平）線ギリギリに姿を現します．厳密には，沖縄島の北にある与論島のそのまた北に位置する沖永良部島が，現実的には厳しいと思われますが，大気差（大気によって光が屈折するため星の見かけの高度が高くなること．大気の浮き上がり効果とも呼ばれます）を考慮すれば，日本北限の南十字星が視認可能な人の住む島になります．

■沖縄・先島諸島・小笠原諸島　　北緯27〜24°

沖縄本島やもっと南の宮古島，石垣島など先島諸島へは，空路の本数も多く行きやすいところです．小笠原諸島へは，空路は無く船便しかないので行きづらいのですが，世界自然遺産に登録され，たいへん人気のある島となっています．

●石垣島での南十字星の見え方

星図と南十字星時刻表で，北緯24°の石垣島では，南十字星が何月の何時にどのような位置にあるのか見てみましょう．西表島など八重山諸島でも同じような位置に見えます．

星空を眺める機会が多いと思われる21時台に南十字星が南の空に昇るのは5月中旬です．このときの高度は，南十字星の中心で5°くらいと低く雲が水平線に無いクリアな空でなければいけません．この時期，南十字星全体が水平線から見えているのは，夕方の薄明の影響もあり20時半過ぎから5月中旬で23時くらい，5月下旬では22時くらいまでが見頃ですが，水平線上にいる時間は短いです．最も長い時期で，夜中の0時に南中する4月10日頃には，4時間ほど水平線上にいる計算になります．

12月の下旬，早朝5時過ぎに南南東の水平線からα星が顔を出してきます．6月下旬の夜の早いうち，21時には，南南西の水平線にα星が沈んでしまいます．

石垣島での南十字星見頃インジケーター

| 1月 | 2月 | 3月 | 4月 | 5月 | 6月 | 7月 | 8月 | 9月 | 10月 | 11月 | 12月 |

※色が薄いほど夜半前に見頃の時期です．色が濃くなるに従って高度が低かったり，南中時刻が夜半過ぎになったりして見づらくなります．黒は一晩中見えません．

どこで見えるの？南十字星

石垣島での南十字星時刻表

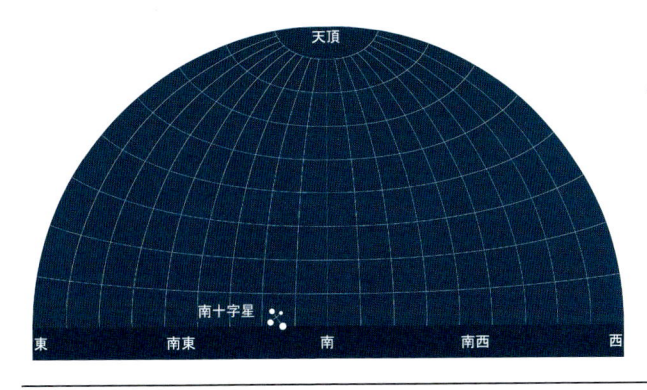

12月中旬の05時30分
1月初旬の04時30分
1月中旬の03時30分
2月初旬の02時30分
2月中旬の01時30分
3月初旬の00時30分
3月中旬の23時30分
4月初旬の22時30分
4月中旬の21時30分
5月初旬の20時30分（薄明中）

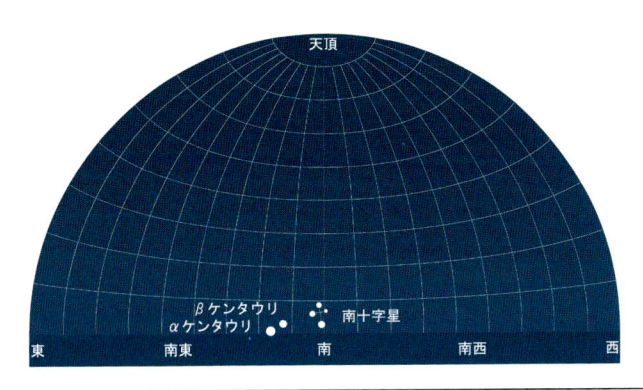

1月中旬の05時30分
2月初旬の04時30分
2月中旬の03時30分
3月初旬の02時30分
3月中旬の01時30分
4月初旬の00時30分
4月中旬の23時30分
5月初旬の22時30分
5月中旬の21時30分
6月初旬の20時30分（薄明中）

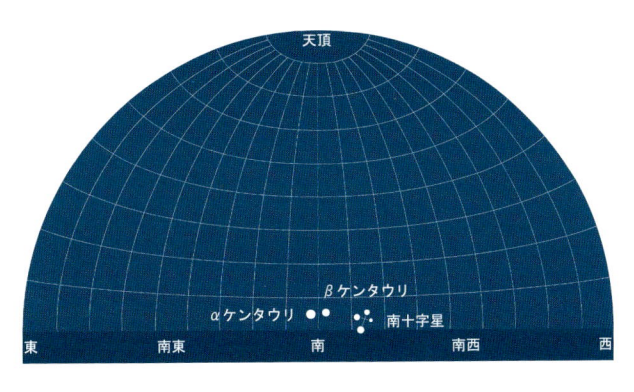

2月中旬の05時30分
3月初旬の04時30分
3月中旬の03時30分
4月初旬の02時30分
4月中旬の01時30分
5月初旬の00時30分
5月中旬の23時30分
6月初旬の22時30分
6月中旬の21時30分
7月初旬の20時30分（薄明中）

■父島（小笠原諸島）の星空情報

　小笠原諸島は東京の南海上約1000kmのところにある30余りの島々です．一般の人が住む島は父島と母島のみです．小笠原諸島へは空路はなく，通常旅行者が利用するのは東京港竹芝桟橋から父島へ出港する「おがさわら丸」による航路です．オフシーズンはおおよそ6日に1便ですが，ゴールデンウィークや夏休み期間中は3日に1便と本数が増えます．所要時間は25時間30分かかります．

　小笠原諸島は東京都特別区なので，「東京で南十字星が見える！」ことになります．北緯27°の父島で南十字星を見ることは厳しいと言わざるをえませんが，大気の浮き上がり効果によって視認が可能です．ただ，父島は地形的に起伏が険しく南の海岸へ容易に行くことができません．したがって，南十字星のウォッチングポイントとして適しているのは，見晴らしのいい展望台のあるところということになります．

　ひとつは，三日月山展望台，通称ウェザーステーションです．商店街や民宿のある大村海岸に近く行きやすい場所で，太平洋に沈む夕日を望む絶景ポイントです．南方向も開けていて，南十字星が昇る真南方向に野羊山があり，一番下（南）のα星が野羊山の山頂を通過して行くでしょう．ここには夜になると航空障害灯の赤い光が灯ります．

三日月山展望台からの夕日．

それが目印になります．確実に確認するためには双眼鏡があるとよいでしょう．

　もうひとつは，島の中央にある標高319mの中央山です．頂上までは，100mほど徒歩で登ります．展望台があり父島を360°見渡せます．標高が高いと，ほんの僅かですが，水平線上の星の高度をかせぐことができて有利です．少し残念なのは南側の一部に山がかかり，南の母島方向の水平線が全部見えないことです．ただ，南方向を大きく遮るわけではありませんので，南十字星を見るにはそれほど問題にはならないでしょう．

　どちらのポイントへ行くにも坂がきつい父島ではレンタルバイク利用がよいでしょう．父島では南十字星が見られたらすごくラッキーなことです．もし見られなくても漆黒の夜空に美しい星が輝いていますので，十分満足されることと思います．

どこで見えるの？ 南十字星

■母島（小笠原諸島）の星空情報

　父島の南，約50kmの母島へは「ははじま丸」に乗り換えます。1日1往復（片道のみや夏休みなどオンシーズンは1日2往復，休航日もあります）で，「おがさわら丸」の入出港日に合わせて接続がスムーズにできるよう港の発着時刻が変わります。

　緯度で父島より0.5°ほど下がる母島では，僅かではありますが南十字星を見られる可能性が高まります。「ははじま丸」が発着する沖港周辺に民宿やペンションが多くありますが，そこから歩いて行ける距離に南十字星ウォッチングポイントがあります。

　ひとつは，鮫ケ崎展望台です。港の西約800mのところにあり徒歩10分で行けます。南の空が水平線まで澄み渡っていれば，平島のすぐ上あたりに見えるでしょう。ここは，2～4月にはホエールウォッチングポイントになります。

　もうひとつは，旧ヘリポートです。港の南東に約1km上り坂を行ったところにあり徒歩で約15分。ここは小高い場所の上で，南方向の視界がよく南十字星を見るのはもちろん，母島の綺麗な星空を堪能できる有名なポイントです。

　ところで，夜，星を見に出るときには，必ず宿の人に一言伝えて出かけましょう。

　なお，61ページの「石垣島での南十字星時刻表」を小笠原諸島でも参考にしていただけますが，小笠原諸島は石垣島より経度で約15°東に位置しますので，南十字星の南中時刻を約1時間早めて使用してください。たとえば，小笠原諸島の20時30分の星空は石垣島の21時30分の星空と同じように見えます。

旧ヘリポートから見た南十字星．雲がありますが一番下のα星がかろうじて写っています．

南十字星あれこれ

夜空に輝く十字形は，小さいながらもインパクトのあるその容姿で，時代を超え，場所を変えて，人々の心にさまざまな印象を与えてきたようです．南十字星の四つの星を縦横十字にラインを引くと十字架になりますが，四辺形に結べば凧のようにもダイヤのようにも見えます．

■キリスト教と南十字星

　1624年にドイツの天文学者バルチウスが，きりん座，いっかくじゅう座，はと座とともにみなみじゅうじ座を設定したとされています．バルチウスはあのケプラーの娘婿でもありました．また，フランスのロワイエによってみなみじゅうじ座がつくられたともいわれていますが，1589年にオランダの地図製作者プランシウスが製作した天球儀には，すでにケンタウルス座から切り離されたみなみじゅうじ座が大小マゼラン雲とともに描かれていて，16世紀初頭には南洋の航海者たちは，「十字架」と呼び認識していたようです．したがって，誰が設定したというよりも，ロワイエが星図に記したことにより，一般的に広まったと考えてよいのではないでしょうか．

　大航海時代，キリスト教徒たちは，信仰のシンボルとして南十字星を十字架に見立てました．荒海を行く船乗りたちは，南十字星を行き先案内の役目だけでなく，美しく輝く十字の形に航海の安全を祈ったのでしょう．

　日本では，江戸時代初期にはポルトガル人により紹介され，キリシタン用語で十字架の意味をもつ「倶留守（クルス）」として文献に記されています．現在では一般的に南十字星と呼ばれ，宗教色は薄いですね．

■飛鳥時代に斑鳩の地から見えた南十字星

　地球は約25800年周期で歳差運動を繰り返しています．歳差運動とは，地球の自転軸がコマの首振り運動のように回転することです．この運動によって，天の北極や南極が移動していくのですが，地平（水平）線からの星の高度も変わって行きます．したがって，時代を遡れば，南十字星が日本でも見えたかもしれません．

　調べてみると，縄文時代には，日本から南十字星が見えました．時代が進むとだんだん高度は下がりますが，飛鳥時代でも斑鳩の地からギリギリ地平線上に昇りました．このページに掲載のイラストは，607年の南十字星をイメージしています．紀伊山地の影響を考慮していませんが，飛鳥時代に聖徳太子が創建間もない法隆寺から南十字星を見たかもしれません．これは古代ロマンですね．かつての日本では，南十字星を船の帆に見立てることが多かったようです．

　紀元前500年頃の古代ギリシャ時代にも，アテネからは，南十字星の中心の高度が5°ほどとそれほど高くはないですが，南十字星の全体が見えていました．ただ，その頃はキリストの登場前ですので，十字を描かず，ケンタウルス座に組み込まれ，後ろ脚の部分とされていたようです．現在では，ヨーロッパはもちろん日本からでもケンタウルス座の脚部分は地平線下にあって見えませんが，ケンタウルス座がつくられた頃には全体が見えていたということで納得ができます．

69

■南十字星の物語「銀河鉄道の夜」

　宮沢賢治の代表作のひとつ「銀河鉄道の夜」は、主人公ジョバンニが親友カムパネルラとともに銀河鉄道に乗って、天の川銀河に沿って不思議な旅をする物語です。これは、夏の天の川が煌めく星空の中で展開する幻想的で美しい物語ですが、単なる空想の話ではなく、その道のりで見る情景や出来事は、実際の星々を忠実に表現しています。

　スタートの「銀河ステーション」の次の停車場は「白鳥」で、その手前で北の十字架に祈りを捧げます。この北十字とは、はくちょう座のことで、羽を広げた白鳥の姿が十字架にも見立てることができることからこのように呼ばれます。そして、白鳥のクチバシには、望遠鏡で見ると青と赤の色の対比が美しい二重星アルビレオがありますが、ここは、川の水の速さを測る「アルビレオ観測所」として登場します。それらの星の色は、青と赤、あるいはブルーとオレンジなどと単純に表現しているのではなく、「サファイアとトパーズ」としています。また、赤く輝くさそり座のアンタレスが、みんなの幸せのために夜の闇を照らす「さそりの火」として登場し、ここでも、「ルビーよりも赤くすきとほりリチウムよりもうつくしく（赤い光を放つ炎色反応のことでしょう）」と、鉱物にも詳しい宮沢賢治らしい表現がなされています。さらに、十字架のある南十字（サザンクロス）と石炭袋（コールサック）までの途中で、インディアンやつるが登場する南天の星座を思わせる話や黒曜石でできた星座早見などなど、他にもたくさん出てきます。

　「銀河鉄道の夜」は、人と人との結びつきの何たるかを描いた内容もさることながら、星座や星のことを知っていると、それぞれの関連付けがとてもおもしろく読める物語です。

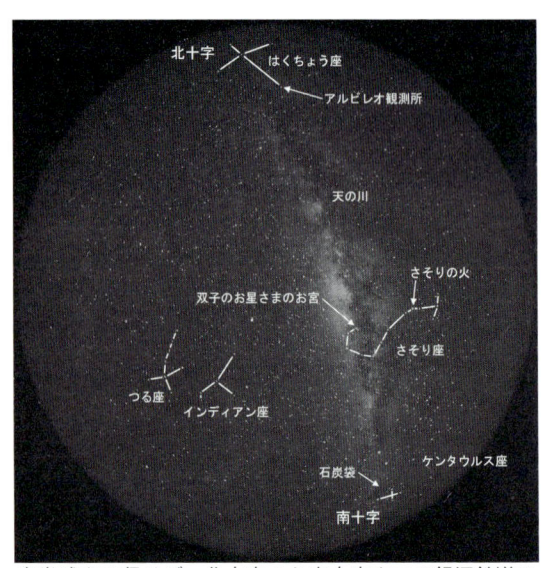

南半球まで行けば、北十字から南十字までの銀河鉄道の道のりを一気にたどることができます。
オーストラリアで撮影。

どこで見えるの？南十字星

■南十字星はエイ

　やはり，南十字星というと南の島がイメージとして浮かびますが，南の島といえば，エメラルドグリーンが美しいサンゴ礁の海に棲むカラフルな熱帯の魚でしょう．そして，カラフルではないですが，スキューバダイバーの中では，是非見たい大型魚として，マンタ（オニイトマキエイ）があります．マンタはエイの仲間では最大ですが，その他にもエイの種類はたくさんあります．ひし形をした特徴的な形，長い尾，鳥が空を飛ぶように泳ぐ姿は，魚類の中では変わっていて人気があります．

　インドネシアでは，南十字星をこのエイの形に見立てました．四つの星を十字ではなく四辺形につなげばエイに見えます．インドネシア語で南十字星を「bintang pari（ビンタン・パリ）」と呼びます．ビンタンは星の意味，パリはエイを意味し「エイの星」と表現されます．他には凧に見立てられて「bintang layang-layang（ビンタン・ラヤンラヤン）」，日本語にすると「凧の星」とも呼ばれます．

　南十字星をエイに見立てるのは，インドネシアだけではありません．オーストラリアの先住民アボリジニもエイの形に見ていました．おもしろいのはその左（東）側にあるケンタウルス座の α と β のふたつの星をつないでサメに見立て，エイを追いかけているとされていて，先に海から昇るエイは，後から来るサメに狙われているようです．

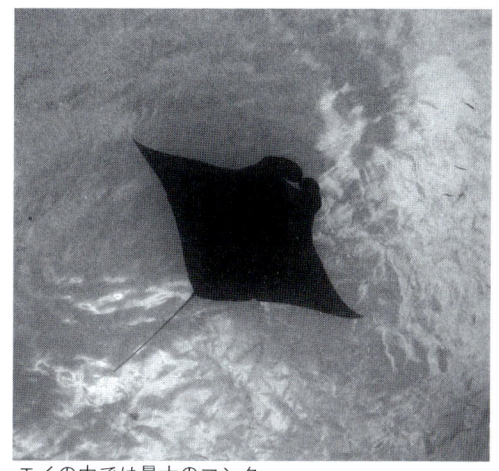

エイの中では最大のマンタ．

マダラトビエイの集団．

✦ 夜空の宝石でいっぱい

　南十字星の周りには，宝石が散りばめられたようにたくさんの星々が輝いています．双眼鏡で見ると美しい星の集まりがところどころにあり，それらを星雲とか星団といいます．

■絶対おもしろい双眼鏡で見る南十字星周り

　星雲や星団が南十字星の周辺に多い理由は，南十字星が天の川の方向にあるからです．無数の星で形成されている天の川は，私たちの銀河系を横から見ていることになり，その中に多くの星雲や星団が点在しています．特に南十字星近くには，双眼鏡で見つけやすい有名な天体をいくつか観察することができます．

　星雲星団と一口にいっても散開星団，散光星雲，暗黒星雲，球状星団などいろいろな種類があります．

・散開星団

　天の川銀河の中にある星の集まりで，それは美しく，まるでバラバラと真珠が散らばったようです．星々の集まりの度合いは，まばらなものから密集しているものまでさまざまです．明るい散開星団は，双眼鏡で見る対象として最もおもしろいものです．

どこで見えるの？ 南十字星

- 散光星雲

　星間ガスが近くの恒星によって発光したり反射したりしているものをいいます．これも天の川銀河の中にあります．そもそも散光星雲は淡く，長時間シャッターを開けて撮影した写真には写っても，双眼鏡で見るには輝きの弱いものが多いのですが，南十字星の西側には，肉眼でも見ることのできる明るい「エータ・カリーナ星雲」という散光星雲があります．

- 暗黒星雲

　密度の濃い星間ガスがその向こう側にある星をさえぎっている部分で，星が見えない暗黒のように見えるのでそう呼ばれます．これも天の川銀河の中にあります．暗黒星雲は無数の星々の中に不気味に存在する領域です．南十字星の中といってもよい位置に「石炭袋（コールサック）」と呼ばれる暗黒星雲があります．

- 球状星団

　球状に密集した星の集団です．ただ，視直径（見かけの大きさ）の小さなものが多く，倍率の高い天体望遠鏡で見る方がおもしろい対象であり，双眼鏡で見るには倍率が足りません．しかし，南十字星の近くにある「オメガ星団」は別格で，双眼鏡でも十分楽しめる全天最大の球状星団です．

■いろいろな双眼鏡

　星雲星団などの天体は，一部の大型で明るいものを除いて，淡くて暗いため，光をたくさん集めることのできる口径（対物レンズの直径）の大きな双眼鏡で見ることが有利になります．手持ちで使える双眼鏡では口径15mmくらいからありますが，天体用には口径50mmが集光力もあり使い勝手のよい口径です．ただ，旅行に持って行くには，大きく重く感じるかもしれません．手軽さを考えるなら口径を小さくせざるを得ませんが，口径25mmくらいでも楽しめます．

　倍率は8倍くらいまでで十分です．倍率が高くなると手ブレで見づらくなりますし，視野が狭くなって天体を捉えにくくなります．

　是非，旅のお供に双眼鏡をひとつお持ちください．星を見る楽しさが倍増することでしょう．

■南十字星からたどる，見て楽しい星雲星団

　それでは南十字星の周りで見つけやすい星雲星団を，南十字星を起点として双眼鏡で探していきましょう．

　南十字星のβ星（ベクルックス）のすぐ近くには，「宝石箱（ジュエル・ボックス）」と呼ばれる小さいですが双眼鏡でもその存在がよくわかる散開星団があります．そして，その下（南）には，ぽっかりと穴が開いたように見える暗黒星雲，「石炭袋（コールサック）」があります．

　南十字星のδ星から右（西）へ11.6°（体のものさしでげんこつ1個分と少し）いったところに「エータ・カリーナ星雲」と呼ばれる散光星雲があります．そして，その下（南）には，「南のプレアデス」と呼ばれる明るく美しい散開星団があります．

　南十字星のγ星（ガクルックス）から左上（北東）へ12.8°（体のものさしでげんこつ1個分と少し）いったところに「オメガ星団」と呼ばれる大型の球状星団があります．

　下の星図は北を上にしています．もし南十字星の南中（南の空に昇ったとき）以外は，南十字星の傾きに合わせて見るとわかりやすくなります．

　星図に描かれた円は双眼鏡の平均的な実視界7°の視野円です．

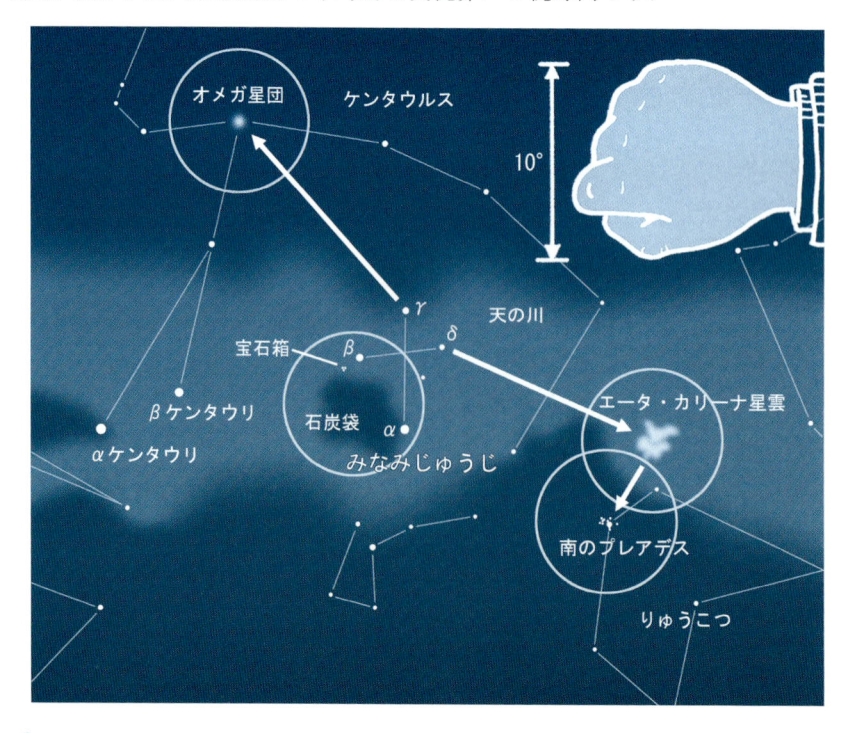

■宝石箱と石炭袋

　南十字星のβ星（ベクルックス）から南東1°のところに「宝石箱（ジュエル・ボックス）」があります。これは、NGC4755という番号をもつ散開星団です。18世紀中頃ラカーユによって発見されました。κ（カッパ）星の符号が付いていて、肉眼ではひとつの星に見えるほど小さな星団です。「みなみじゅうじ座κ星団」とも呼ばれます。双眼鏡では、こぢんまりとした数個の星の集まりとして見ることができます。倍率をかけた天体望遠鏡で見ると、「宝石箱（ジュエル・ボックス）」と例えられるゆえんがわかる美しい散開星団です。

　その南には「石炭袋（コールサック）」があります。天の川の星をこの暗黒星雲が隠してこの領域が暗く見えます。形が石炭を入れる袋のようなのでこう呼ばれます。通常、暗黒星雲は撮影して初めてわかるものがほとんどなのですが、この「石炭袋（コールサック）」は大型で、肉眼でも見える最もわかりやすい暗黒星雲です。双眼鏡では視野いっぱいに広がります。双眼鏡の視野を少し移動させながら、南十字星や「宝石箱（ジュエル・ボックス）」といっしょに見て楽しみましょう。

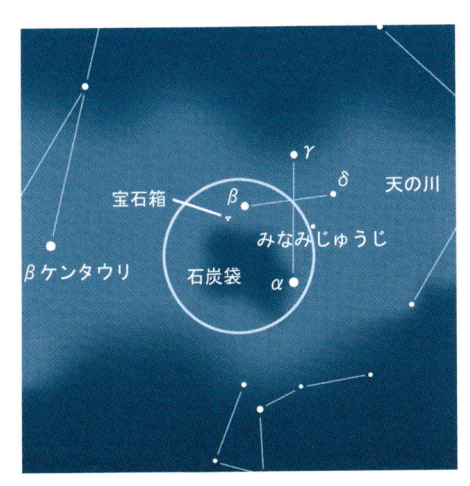

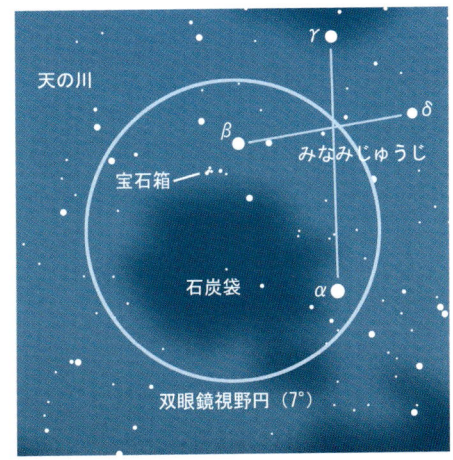

■エータ・カリーナ星雲

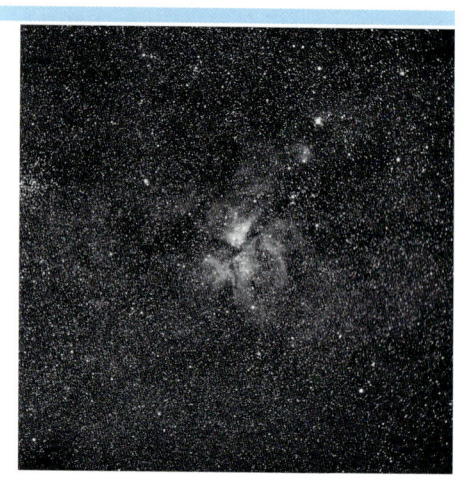

　南十字星のδ星から西へ11.6°のところに「エータ・カリーナ星雲」があります．NGC3372という番号をもつたいへん明るい散光星雲で，空の暗い場所であれば肉眼でも見ることができます．

　りゅうこつ座（カリーナ）のη（エータ）星などによってその付近の星間ガスが電離し，明るく発光しているためエータ・カリーナ星雲と呼ばれています．多くの散光星雲は淡く，写真に撮ってやっとその存在がわかるのですが，エータ・カリーナ星雲は北天の雄オリオン大星雲よりも明るく，全天で最も明るい散光星雲です．

　エータ・カリーナ星は，かつて肉眼でもよくわかるほど明るくなったことがあり，η星の符号が付けられました．現在は6等級くらいで星としての存在感は薄く，散光星雲としてのエータ・カリーナ星雲の方が明るく目立っています．

　双眼鏡で見ると白いランの花のようです．光芒がふたつかそれ以上に分かれて見えます．天の川の中なのでたくさんの星と重なりとても綺麗です．高度も高く昇る南半球で，是非とも見ておきたい星雲の筆頭です．

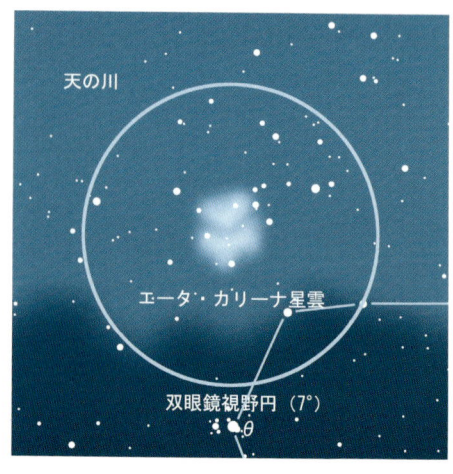

■南のプレアデス

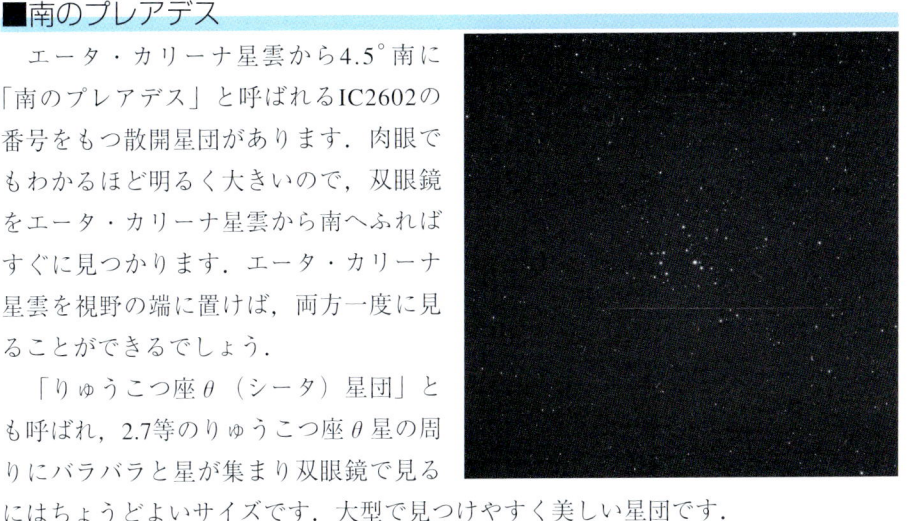

　エータ・カリーナ星雲から4.5°南に「南のプレアデス」と呼ばれるIC2602の番号をもつ散開星団があります．肉眼でもわかるほど明るく大きいので，双眼鏡をエータ・カリーナ星雲から南へふればすぐに見つかります．エータ・カリーナ星雲を視野の端に置けば，両方一度に見ることができるでしょう．

　「りゅうこつ座θ（シータ）星団」とも呼ばれ，2.7等のりゅうこつ座θ星の周りにバラバラと星が集まり双眼鏡で見るにはちょうどよいサイズです．大型で見つけやすく美しい星団です．

　本物の「プレアデス星団」に似ていることから「南のプレアデス」の呼び名が付けられたのだと思いますが，実際に見た感想は，そんな配置に見えなくもないといった程度です．特に明るい星がθ星だけで，他の星は4〜5等と明るさに差が開いてしまっているので，3等前後の星が何個も集まる「プレアデス星団」の印象からは，残念ながら遠くなってしまっています．しかし，南十字星付近にたくさんあるどの星団よりも明るく見栄えがするのは間違いありません．エータ・カリーナ星雲とともに双眼鏡で必ず見ておきたい星団です．

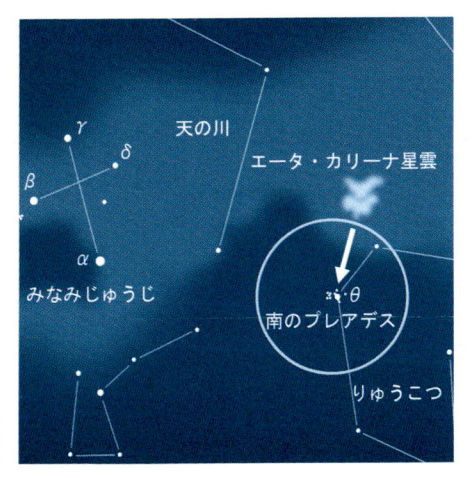

■オメガ星団

　南十字星のγ星（ガクルックス）から北東へ12.8°のところに「オメガ星団」があります．NGC5139という番号をもつ全天で最も大きく明るい球状星団です．空の暗い場所では肉眼でも見ることができます．

　ケンタウルス座のω（オメガ）星というひとつの星としての符号が付いているほど明るく，その昔，バイエルが4等の恒星と勘違いして命名しました．それがこの球状星団の名前の由来です．

　双眼鏡で見ると大きく丸くぼやけた星雲状で，恒星とは明らかに違うことがわかります．これほど大きな球状星団は他にはないので，他の球状星団を見たことがある方はその大きさに驚くことでしょう．天体望遠鏡で倍率を掛けて見ると，星々が分解し星の大集団であることがわかります．

　この「オメガ星団」は日本でも南の地平線上に昇りますが，たとえば東京での南中高度は7°くらいにしかならず，地平線までクリアな夜でないと見ることができません．しかし，暗く澄んだ空であれば，高度が低くてもあっさりと見えてしまうのも事実で，いかにすごい球状星団であるかということを思い知らされます．

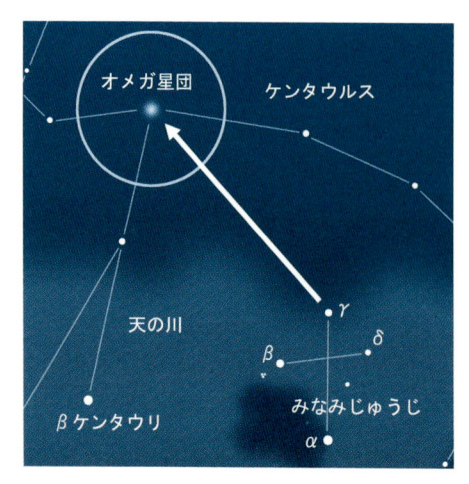

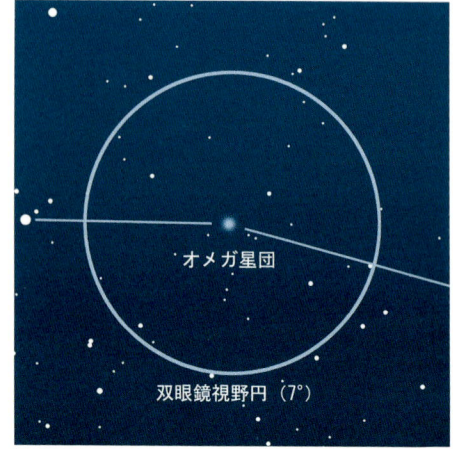

■南十字星につらなる天の川

　南十字星周辺の天の川を双眼鏡で流して見ていくとそれは美しい眺めです。これまで紹介してきた星雲星団の他にも、たくさんの小さな星団や名もない星の配列に思わず息を呑みます。暗黒帯によって天の川が隠されて星数が少なくなったり、天の川のグラデーションに感動を覚えます。

　ニセ十字星の付近にも明るく大きな散開星団があります。そのあたりからエータ・カリーナ星雲、南十字星周辺、αβケンタウリからじょうぎ座を抜けてさそり座のしっぽにいたる天の川とその中に入り乱れる暗黒帯が見ものです。

　南十字星周辺の天の川は、日本国内では沖縄まで行ってもまだ低空ではっきりしません。もっと緯度を下げて南へ行くほどしっかり見えてきます。また、星座は明るい星と星を結ぶので、低空にあっても雲がかかっていなければだいたい探すことができます。しかし、星雲星団や天の川は、低空にあったり、都会地であったり、月明かりが明るいと見ることができません。したがって、空が暗く天体の高度もあるといった条件を満たさなければいけませんが、南方へ行って暗い星空に出会ったら、天の川の壮大さを感じるとともに双眼鏡片手にもっと深い宇宙も堪能してください。

南十字星を撮ろう

南十字星を見るだけではなく撮影ができたら、よい旅の思い出になりすてきですね。ただ、星の撮影は暗い夜空を撮るため少し特殊です。一般撮影のようにカメラまかせのオートで、ただシャッターボタンを押すだけというわけにはいきません。ここでは最も手軽な天体撮影方法である「固定撮影」を紹介します。カメラをカメラ三脚に固定して星空を写す方法です。

星空を目で見たように写すためには、シャッターを長い時間開けられる（露出時間をかけられる）カメラが必要です。どのようなタイプのデジカメが適しているのか、撮影に必要な機材そして撮影方法を解説します。お手持ちのデジカメでも撮影できるかもしれません。是非挑戦してみましょう。

もっと詳しい星の撮影方法については、本書のシリーズ本のひとつである「誰でも写せる星の写真」があります。そちらもご覧ください．

デジタル一眼レフで撮った南十字星

■デジタル一眼レフで星空撮影

デジカメで星空を撮るためには、一眼レフタイプが最適です．なぜなら、長時間露出ができ、撮像素子の感度も高いからです．露出を決めるためのシャッター速度、絞り、ISO感度の三つを任意に変えられるマニュアル撮影ができ、弱く淡い光を捉えなければならない天体撮影をするための機能が備わっていて、さまざま設定ができきます．めんどうそうですが、ポイントをつかめば難しくありません．

最近のデジタル一眼レフであれば、低価格帯のエントリーモデルでも高感度でかつ綺麗な写真が撮れます．もしこれから星空の撮影を始めたいと思っている方には、デジタル一眼レフをおすすめします．

デジタル一眼レフカメラ

どこで見えるの？南十字星

■星空撮影のための撮影機材

　星空を撮る「固定撮影」では，シャッターを数十秒から数分間開けっ放しにしておかなければならず，手持ち撮影ではブレてしまいますからカメラ三脚を使用します．なるべくしっかりとしたカメラ三脚を用意しましょう．弱い三脚では風が吹くと星が揺れて写ってしまいます．ただ，天体撮影用には搭載重量に余裕があった方がいいのですが，あまり大きくて重いと持ち運びが億劫になってしまいますので，カメラ相応の三脚を選びます．エントリーモデルのデジタル一眼レフは軽量化されていて，三脚も比較的軽量なもので大丈夫なので旅行のお供にも打ってつけでしょう．

　天体撮影の長時間露出時は，直接シャッターボタンを押すとブレてしまいますのでリモコンを使います．リモートスイッチとかリモートコードなどの名称で市販されています．タイマー内蔵のタイマーリモートコントローラーというものもあります．カメラへ接続するプラグの形状がカメラのメーカーや機種によって違いがありますので，間違って購入しないよう対応機種には注意しましょう．

　レンズフードは天体撮影において，是非装着したいアイテムです．横から入ってくる迷光の防止になるのはもちろんですが，夜の屋外に長時間カメラを置いておくとレンズに夜露がついてしまって星が霞んで写ってしまうことがあります．その予防対策にもなります．

　露出30秒までは「マニュアル」モードで設定できますが，それより長い時間シャッターを開けるバルブ撮影をする時には，露出時間を計るための時計を用意しましょう．正確にするためにはキッチンタイマーが便利です．

カメラ三脚．カメラ相応のものを．

リモートスイッチ．ブレ防止に必要．

レンズフード．天体撮影には是非装着を．

キッチンタイマー．音で露出の終了を知らせてくれます．

■あなたのコンパクトデジカメでも撮れる？

　コンパクトタイプのデジカメは小型軽量で持ち運びに便利ですが，星空を撮るためには長時間露出のできる機種が必要です．特にエントリーモデルではフルオートか「ポートレート」や「風景」といったシーンごとのモード設定しかできませんので，星空の撮影は苦手です．

　最も長い露出時間（シャッター速度）がかけられるモードは，カメラメーカーによって異なり「打上げ花火」，「夜景」，「長秒時撮影」，「星空」などがあります．2～8秒くらいまでしか露出ができないデジカメは，残念ながら暗い夜空の星座を撮るのには不向きです．その中で，パナソニックのコンパクトデジカメには星空撮影のための「星空」モードで60秒まで露出をかけられ，明るい星座なら写し撮ることができます．しかし，残念ながら天の川が見えていたとしてもかすかにしか写りません．キヤノンIXYシリーズのエントリーモデルでは「長秒時撮影」モードで15秒まで露出をかけられます．このデジカメの露出ですと，南十字星が写っているかどうかぎりぎりの写り方になります．南十字星の存在がよくわからないかもしれませんが，記念としてとりあえず撮っておく価値はあるかと思います．

コンパクトデジカメで撮った南十字星

どこで見えるの？ 南十字星

コンパクトデジタルカメラ

　また，ハイエンドモデルには，シャッター速度，絞り，ISO感度が設定できるマニュアルモードが搭載されていて，30秒から60秒ほどの露出が可能で気軽な星空撮影ができる機種があります．コンパクトデジカメをお持ちの方は，星空の撮影に向くカメラかどうか取扱説明書を調べてみましょう．
　南十字星は1～2等の明るい星で構成された星座なので，30秒以上の長い露出をかけられるカメラであれば，写せる可能性があります．

■カメラ三脚を用意しよう

　コンパクトデジカメ用には大型の三脚は必要ありません．ある程度しっかりした小型のもので十分です．ただ，雲台（うんだい）と呼ぶ上下左右に動かしてカメラの向きを決める部分は，動きがスムーズでないと構図決めに苦労することになります．あまり安価なものですと使用に問題を感じる場合があるかもしれませんので，店頭などで実際に触れて三脚選びをするとよいでしょう．ポケットにも入るミニ三脚は，いつも持ち歩いていざという時に便利です．ただ，軽いコンパクトデジカメしか載せられませんから，ミニ三脚の搭載重量には注意してください．

小型三脚とミニ三脚

85

✨ 本当に浮雲と見間違えるマゼラン雲を見よう

南半球へ旅をしたら，南十字星と同じくらい見ることをおすすめしたいのがマゼラン雲です．大航海時代，かのフェルディナンド・マゼランが1519年から行なった世界周航の際の航海記録に残っていたことから，マゼラン雲と呼ばれます．

マゼラン雲は，まさに夜空にぽっかり浮かぶ雲と勘違いしてもおかしくないような存在です．それが浮雲ではなく，遥か宇宙の彼方にある星の集まりなのだとわかっていても，そこに神秘的なものを感じずにはいられません．そしてその威容を日本からは絶対見ることができないため，ますますその存在価値が高まるのです．

フェルディナンド・マゼラン

期待通りのマゼラン雲を見るためには，南十字星を見つけるときと同じように時期と場所を考慮しなければなりません．また，マゼラン雲は全天でも屈指の大きさと明るさを誇る銀河ですが，星雲状の淡い天体であることに変わりはなく，星の配列である南十字星を見つけるより難易度は上がります．都会地で見るのは難しく，街明かりが無く，月明かりも無い暗く透明度のよい夜空でなければいけません．暗い空という条件が満たされていなければ見つけられないかもしれません．しかし，もしマゼラン雲に期待していなかった方でも，空が暗く条件のよい場所で一度見てしまったら，その姿の虜となることでしょう．

■はじめて見たマゼラン雲の衝撃

今から20年近く前，南半球の星空を見るために初めてオーストラリアへ行きました．レンタカーでシドニーから北西へ約500kmのところにあるサイディング・スプリング天文台お膝元の街，クーナバラブランという街へ向かいました．そこへ行く道中でのできごとです．太陽が沈み，赤く染まった西の空は徐々に色をなくし，明るさもなくなって，一点の雲もない星空へと変わって行きました．車窓から星がちらほらと見えます．きっと素晴らしい星空なのだろうといてもたってもいられなくなり，車を道路わきの空いたスペースに止め外に出ました．そこに広がっていたのはまさに満天の星空，そして視線の先に最初に飛び込んできたのがマゼラン雲だったのです．そのときに感じた強烈な印象は忘れられません．本当に浮雲がふたつ夜空にぽっかり並んで浮かんでいるのです．それまで日本では見たことのない光景です．喜びと驚きとないまぜになった不思議な感覚でした．

これは雲か星雲か！マゼラン雲

■大小ふたつあるマゼラン雲

　マゼラン雲は，その間隔を20°ほど空けてふたつあります．20°は体のものさしでげんこつ2個分あるいは手の平をパーにして親指の先から小指の先までの幅になります．この間隔は広すぎず，ひとつの星座くらいですので，マゼラン雲は2個セットで見るのが格別です．

　ふたつのマゼラン雲は大きさに違いがあって，それぞれを「大マゼラン雲」，「小マゼラン雲」と呼びます．英語名では「The Large Magellanic Cloud」「The Small Magellanic Cloud」と呼び，それぞれを「LMC」と「SMC」というように略すこともあります．暗い空ではどちらのマゼラン雲も圧巻ですが，個別に見るとやはり「大マゼラン雲」の方が大きい分さらなる存在感があります．

　「大マゼラン雲」は肉眼で見える全天で最大の銀河です．日本では「アンドロメダ銀河」が肉眼で見える最大の銀河で，星図をたよりに見つけられたときには感激しますし，双眼鏡で眺めても感動ものです．しかし，大小マゼラン雲の大きさや見え方は「アンドロメダ銀河」の比ではなく，地球の南へ行かなければこの心動かされる天体に出会うことはできません．

★ マゼラン雲が見える境界線

南十字星同様，マゼラン雲も世界中のどこからでも見えるわけではありません．もちろん日本からはまったく見ることができません．しかも，マゼラン雲は南十字星のような星座ではなく，ひとくくりに星雲星団と呼ばれる天体であり，正確には銀河です．肉眼で見えるといっても淡い対象であることには違いありません．

南十字星の場合は，十字を形作る0.8〜2.8等級の星のうち一番南のα星が0.8等と明るいのが幸いしてかなり低空に位置しても見ることが可能ですが，マゼラン雲はその呼び方の通り雲のような存在なので，地平線の上にあったとしても，よほど低空までクリアで月明かりも街明かりも無い条件でないと見ることは難しくなります．それではどこまで行けばよいのでしょう．

■世界地図のこのラインより下でマゼラン雲が昇る

大マゼラン雲の方が小マゼラン雲より少し北側に位置しますが，わずか3°であまり変わりありません．大マゼラン雲の全体を見るためには，北緯18°以南，小マゼラン雲の全体を見るためには北緯15°以南に行けばよいことになります．したがって北緯15°のサイパンでは，計算上，どちらのマゼラン雲も水平線上に昇ることになりま

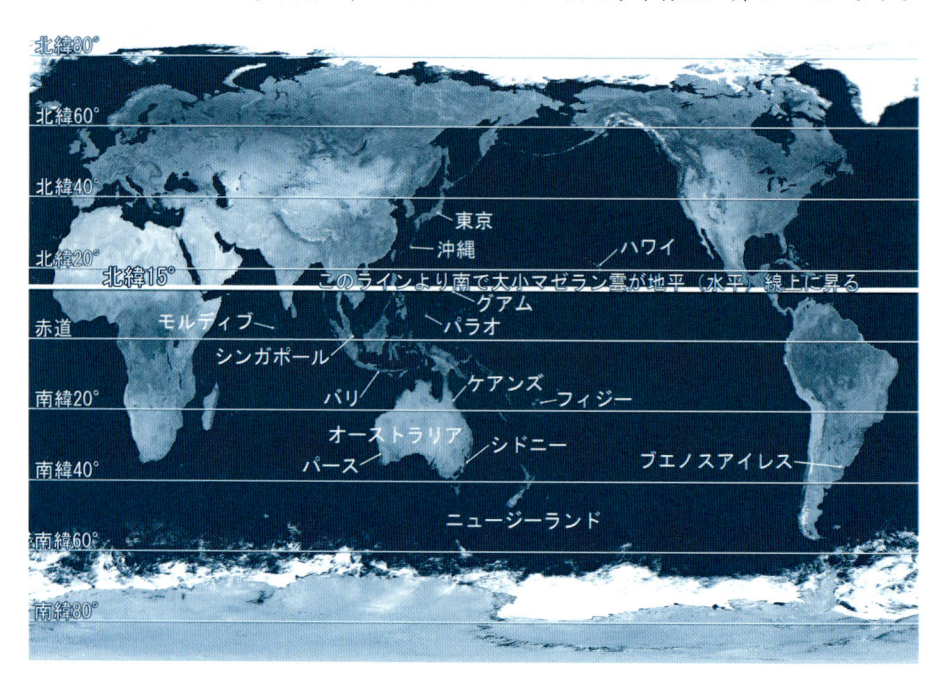

これは雲か星雲か！マゼラン雲

す．両マゼラン雲を同時に見たい場合には，北緯13°以南へ行けばよいため，北緯13°のグアムではギリギリ水平線上に並ぶことになります．しかし，マゼラン雲は淡い天体です．先述のように低空までクリアでなければ見ることはかないません．したがって，サイパンやグアムのような北緯15°前後の緯度地方で視認するのは，極めて困難なこととなります．

フィジーでのマゼラン雲．左上の星カノープスの上には本物の雲が．

北緯5°まで南下すれば両マゼラン雲の南中高度（南の空に最も高く昇った高さ）は10°を越えます．ここまで来れば，なんとか見ることが可能になってきます．私は北緯6°のパラオで大マゼラン雲を確認できた経験があります．ただそれは，かすかでたよりないシミのようなもので，オーストラリアで見た感動的な威光を放つものとは程遠い見え方でした．

マゼラン雲は天の南極から20°くらいしか離れていません．したがって，しっかり見るためには，赤道を越えてもっと南へ行かなければなりません．南緯17°付近のフィジーやオーストラリアのケアンズでは，小マゼラン雲の南中高度は約35°，大マゼラン雲の南中高度は約38°と高くなり見やすくなってきます．

おおよそ南緯24°より南では，マゼラン雲は1年中沈みません．オーストラリアはエアーズ・ロックのあるアリススプリングスあたりでは，ギリギリ周極天体となります．そして，南中高度は40°を越えます．

もっと南下すればさらに見やすくなります．オーストラリアのシドニー（南緯34°）やパース（南緯32°）では，マゼラン雲の南中高度は50°にも達します．そして，1年中地平線（水平線）下に沈みません．時期にかかわらず，晴れていればいつでも見えるのです．

もっと南のニュージーランドでは，南中高度は60°前後もあり，高く見上げることになります．もちろん1年中沈みません．

南アメリカ南部やアフリカ南部でも，オーストラリアやニュージーランドと緯度的な見え方は同じで，高く昇り1年中沈まないマゼラン雲を見ることができます．

⭐ マゼラン雲の見える時期

　マゼラン雲は計算上は北緯15°前後の緯度より南の地域で，地平（水平）線より上に昇ることになるのですが，実際には，赤道より南へ行かないと肉眼で見つけることは難しいでしょう．オーストラリアなどもっと南へ行けば行くほど条件はよくなって，素晴らしいマゼラン雲が見えるようになります．

　それでは，マゼラン雲が地平線から昇ってくる地域へ行ったならば，いつどんな時期でも見られるのでしょうか．それは緯度が北の地域ほど，見ることのできる時期が限られ，期間が短くなります．そして，見えている時間も短くなります．どんどん南へ行くと，見える期間と時間が長くなり，南緯24°あたりから南が通年で一晩中沈まない地域となります．

　小マゼラン雲から天の南極を越えたちょうど反対側の方向に南十字星があります．大マゼラン雲は小マゼラン雲の東20°ほどのところに並んでいますが，このふたつのマゼラン雲は南十字星のほぼ対極にありますので，見頃になるのは南十字星と反対の時期となります．つまり，どんな緯度の地域でも，見る時間を21時台に限定した場合，南十字星の見頃は「5月頃」ですが，小マゼラン雲の見頃はその反対の時期「11月頃」．大小両方見たい場合には「12月頃」．大マゼラン雲を見たい場合には「1月頃」となります．

■マゼラン雲はいつが見頃？

　それでは緯度別に代表的な地域をあげて，何月頃マゼラン雲が見やすいか紹介していきましょう．

　北緯13°のグアムでは，夜空を21時から22時頃に眺めた場合，小マゼラン雲は11月，大マゼラン雲は1～2月頃に水平線上に顔を出します．しかし，南の水平線にまったく雲がなく透明度もよくないと視認することは難しいでしょう．双眼鏡でのぞけば，かろうじてその存在が確認できるかもしれません．挑戦してみましょう．

　緯度0°の赤道上では，11月の21時台で小マゼラン雲の南中高度が17°になります．大マゼラン雲は11月には夜中の2時頃に南中高度20°になります．その間の23時台に大小マゼラン雲が高度15°くらいで左右に並んで見えることになります．夜空を21時から22時頃に眺めた場合，大マゼラン雲は1～2月の上旬まで高度20°くらいをキープします．それでもそれほど高度が高いわけではありませんので，双眼鏡で確認した方がよいでしょう．

　赤道付近では，南十字星が昇って来ると小マゼラン雲は沈み，小マゼラン雲が昇

これは雲か星雲か！マゼラン雲

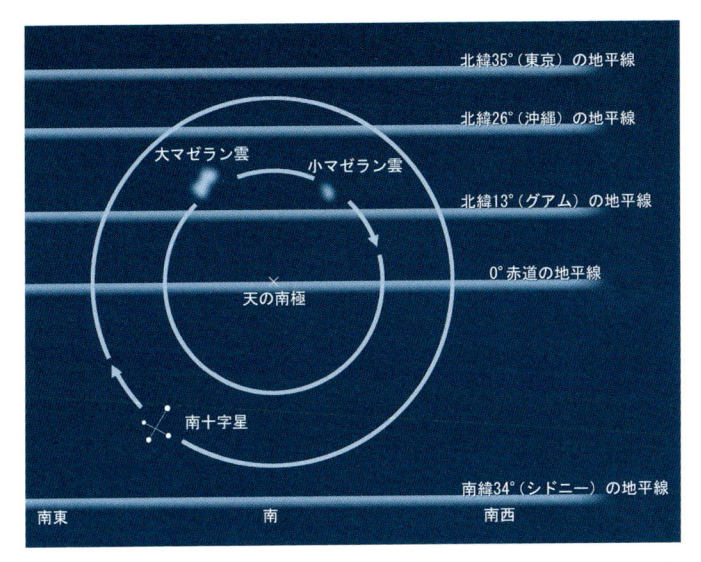

って来ると南十字星が沈むので，同じ頃にこのふたつを同時に見ることはほぼできません．大マゼラン雲は南十字星が昇るときまだ沈みきらないので，両方を見ることは可能です．

南緯34°のオーストラリア・シドニーでは，11月の21時台で小マゼラン雲の南中高度が50°を越えます．大マゼラン雲も11月には夜中の2時頃に南中高度50°を越え，55°にも達しそうな高度になります．その間の23時台に，大小マゼラン雲が高度50°あたりのところを左右に並んで見えることになります．夜空を21時から22時頃に眺めた場合，大マゼラン雲は1～2月の上旬まで高度50°以上をキープします．シドニーくらいの緯度では，マゼラン雲は1年中沈まず，晴れていれば時期にかかわらずいつでも見ることが可能となります．天の南極の下方を通過するのは，夜空を21時から22時頃に眺めた場合，小マゼラン雲では5月に高度が16°くらいまで低くなります．ちょうどその頃，南十字星は高度60°を越える位置に輝いています．大マゼラン雲は7月頃に13°くらいまで下がります．

南緯40°あたりのニュージーランドでは，11月の21時台で小マゼラン雲の南中高度が55°を優に越えます．大マゼラン雲も11月には夜中の2時頃に南中高度60°を越えます．大マゼラン雲の高度が最も低くなるときでも，20°くらいの高度があり，大小マゼラン雲とも1年中夜空を回り続けますので，ニュージーランドでは，晴れてさえいればいつでも余裕で見ることができるのです．

（※ここに書かれた時間はサマータイムを加味していません）

■オーストラリア・シドニーでの見え方シミュレーション

　それでは星図と星空時刻表で，オーストラリアのシドニーでは，マゼラン雲が何月の何時にどのような位置にあるのか見てみましょう．

　まず，シドニーのあるニュー・サウス・ウェールズ州では，10月第一日曜日から4月第一日曜日までサマータイム（夏時間）が実施されます．時計を1時間すすめなければなりません．星空時刻表ではサマータイムを加味していませんので注意してください．サマータイム期間中は1時間足してください．

オーストラリアでのマゼラン雲．右上には南十字星．

　また，12月から1月の夏至（日本では冬至）前後の頃は日の入り時刻が遅く，薄明が終わって空が暗くなるのは20時台後半です．あと少しで21時（サマータイム補正時刻22時）になろうかという時間まで空に明るさが残ります．

　最も星空を眺める機会が多いと思われる21時（サマータイム補正時刻22時）台に大小マゼラン雲がそろって南の空に高く昇るのは11月後半から12月です．この頃は両マゼラン雲とも高度が40°以上と十分に高く見頃となります．シドニーの街中では厳しいですが，郊外へ出て天の川が見える条件の星空であればその雄姿を見ることができるでしょう．その他の時期でも，シドニーくらいの緯度地ではマゼラン雲は周極天体となりますから見ることは可能です．5〜6月は大小マゼラン雲とも一晩中高度が比較的低い状態で，観察の条件としてはよい方ではありませんが，南十字星やいて座付近の天の川の最も濃い部分と両方見ることができるお得な時期でもあります．ただ，暗い星空の下という条件つきです．

大マゼラン雲見頃インジケーター（シドニー）

1月	2月	3月	4月	5月	6月	7月	8月	9月	10月	11月	12月

小マゼラン雲見頃インジケーター（シドニー）

1月	2月	3月	4月	5月	6月	7月	8月	9月	10月	11月	12月

※白が夜半前に最も見頃．色が濃くなるに従って高度が下がって見づらくなります．

これは雲か星雲か！マゼラン雲

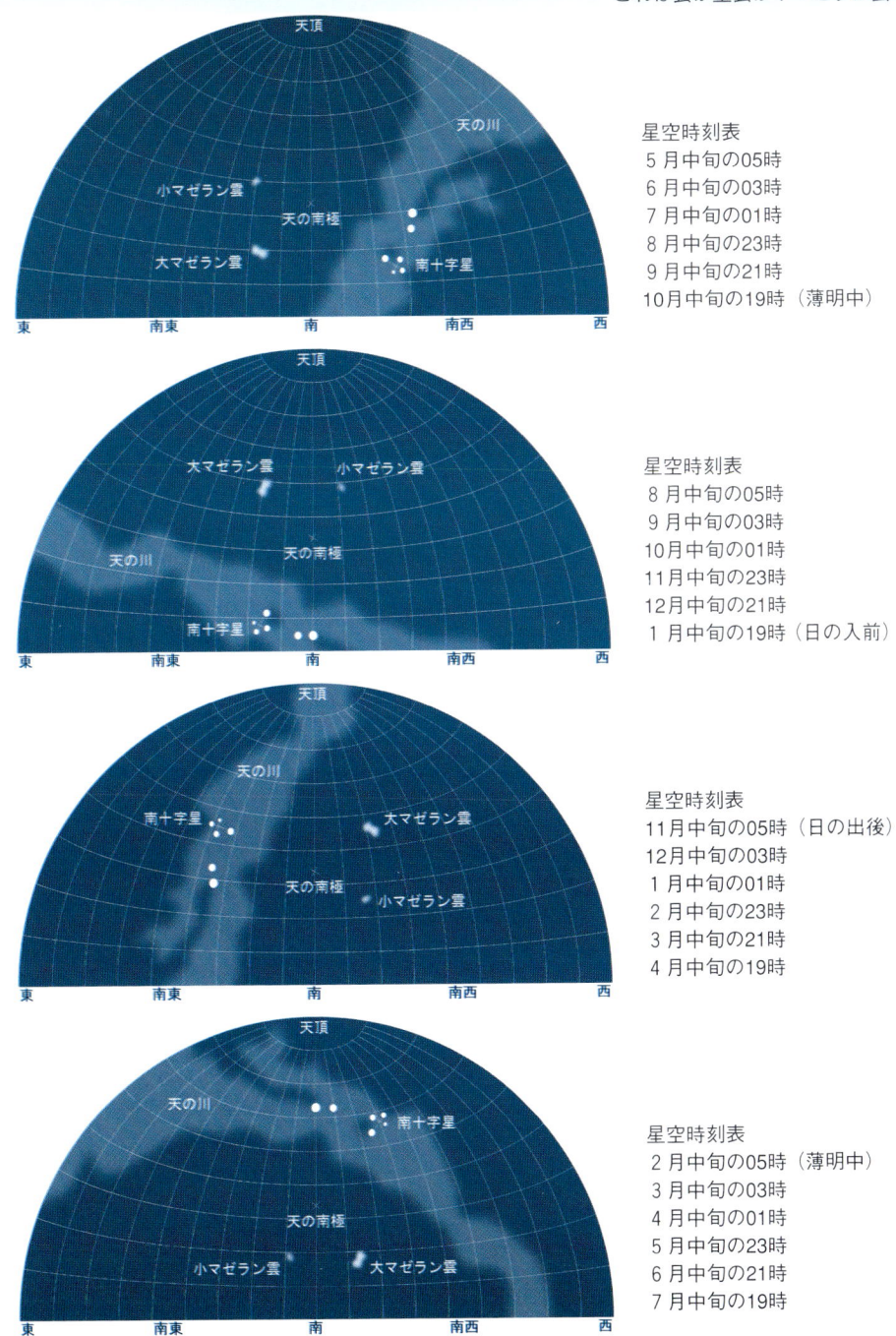

星空時刻表
5月中旬の05時
6月中旬の03時
7月中旬の01時
8月中旬の23時
9月中旬の21時
10月中旬の19時（薄明中）

星空時刻表
8月中旬の05時
9月中旬の03時
10月中旬の01時
11月中旬の23時
12月中旬の21時
1月中旬の19時（日の入前）

星空時刻表
11月中旬の05時（日の出後）
12月中旬の03時
1月中旬の01時
2月中旬の23時
3月中旬の21時
4月中旬の19時

星空時刻表
2月中旬の05時（薄明中）
3月中旬の03時
4月中旬の01時
5月中旬の23時
6月中旬の21時
7月中旬の19時

※ここに書かれた時間はサマータイムを加味していません．サマータイム期間中は1時間足してください．

大小マゼラン雲の見つけ方

快晴の暗い空であればマゼラン雲がどれかすぐにわかるかもしれません。しかし、本物の雲が流れていて星空が部分的にしか見えなかったり、空の透明度が悪かったりするとどこにあるのかわかりづらいことがあります。そんなときのためにも、ここではマゼラン雲の探し方のポイントを解説しましょう。

■明るい星からたどろう

　大マゼラン雲は、かじき座とテーブルさん座の境界線上にある全天で最も大きく明るい銀河です。その大きさは10°とされていますが、肉眼で確認できる明るい部分だけでも5°くらいはあります。

　見つけ方は、大マゼラン雲の北側やや東寄りにある-0.7等と全天で二番目に明るい星カノープスが目印になります。ちなみにカノープスは日本では地平線ギリギリに見え、この星を見ると長生きができるとして有名ですが、南半球ではたいへん高く昇り、ありがたみがありません。そのカノープスと大マゼラン雲の間隔は約18°。体のものさしでパーひとつ分弱です。また、カノープスから約40°（パーふたつ分）西にアケルナルという0.5等の明るい星があります。このふたつの星と大マゼラン雲を結ぶとひしゃげた三角形を形作ることができます。

　小マゼラン雲は、きょしちょう座にあります。大マゼラン雲より少し暗い銀河です。その大きさは5°とされていますが、肉眼で確認できる明るい部分だけでも2°くらいあり、だいたい大マゼラン雲の半分くらいの大きさです。

　小マゼラン雲は、アケルナルと21°（パーひとつ分強）離れたみずへび座のβ星とを結ぶ線上のβ星寄りにあります。みずへび座β星は2.8等で特に明るい星ではありませんが、近くにそれ以上に明るい星がありませんから迷うことはないでしょう。

　大マゼラン雲と小マゼラン雲の間隔は約20°（パーひとつ分）です。そして、アケルナルと小マゼラン雲の角を直角にした直角三角形ができます。カノープスから大マゼラン雲のおおよその延長線上に小マゼラン雲があります。このように明るい星から大小マゼラン雲を見つけましょう。

■空の暗さが肝心

　マゼラン雲は大きくて明るいといっても雲のような天体です。それを見るためには街明かりや月明かりがないことはもちろん、空の透明度も見え方を左右します。特に小マゼラン雲は大マゼラン雲より少々地味ですので、空の条件がよくないとそ

これは雲か星雲か！マゼラン雲

の存在をはっきり確信できないかもしれません。そんなときは明るい星からたどって、位置を確かなものとしましょう。

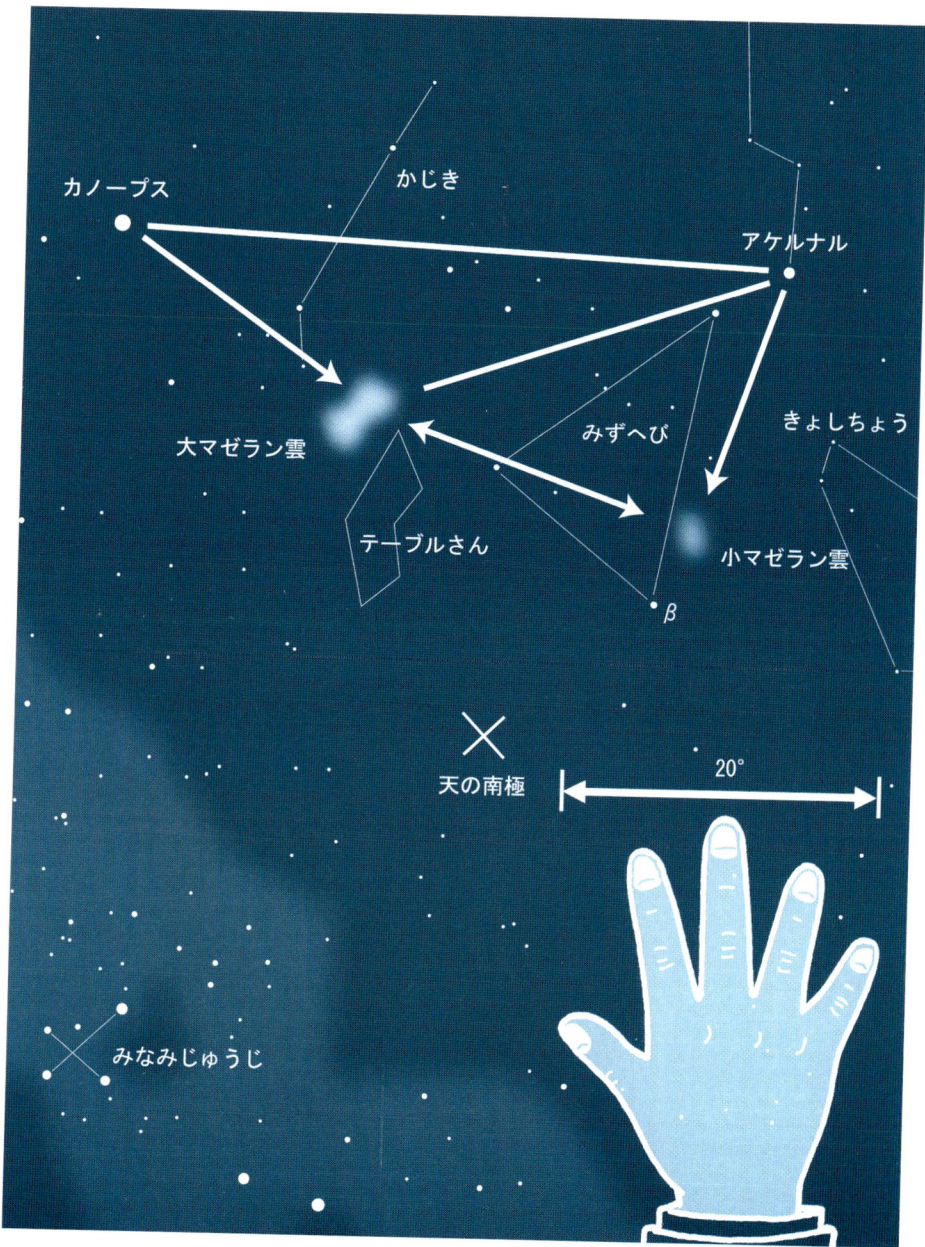

■大マゼラン雲

　大マゼラン雲は私たちの銀河系に寄り添う伴銀河です．ハッブル分類で棒渦状銀河とされています．星が円盤状に集まった渦状銀河の中心部分（バルジと呼ばれます）が細長い棒状になっている銀河を棒渦状銀河といいます．その通り双眼鏡で見ると棒のように細長い形をしているのがよくわかり，第一印象として脳裏に残るでしょう．ただ，渦を巻いているようには見えません．このあたりが，不規則銀河にも分類されたゆえんでしょう．大マゼラン雲の視直径は650′×550′という10°にも達する巨大さですが，小型の双眼鏡ではっきり確認できるのは，棒状の明るい4〜5°くらいの部分です．それでも大きな銀河に違いはありません．

　明るい棒状の部分の周りにも，もやもやとしたものが星雲状に広がっていますが，その中でも明るく丸いぽやっとした恒星とは明らかに違う部分の存在に気が付きます．棒状部分の端の方で，1°くらい離れています．これはタランチュラ星雲と呼ばれます．NGC2070の番号が付いている散光星雲で，大マゼラン雲の中にあります．これが，大マゼラン雲のもうひとつの見所です．

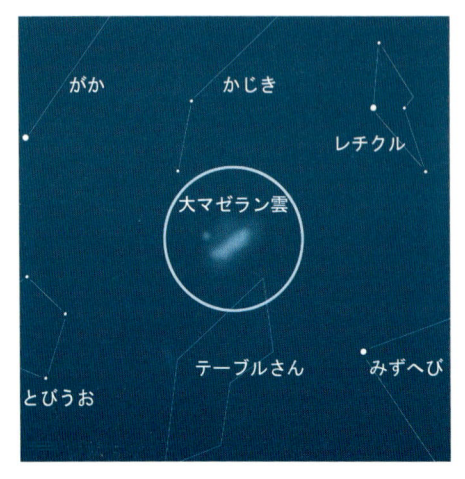

これは雲か星雲か！マゼラン雲

■タランチュラ星雲

　タランチュラ星雲（NGC2070）は，望遠鏡では毒蜘蛛が脚を広げているように見えるのでそう呼ばれますが，双眼鏡では，視直径が0.6°くらいしかありませんので小さく，球状星団の見え方に似て丸っぽく見えます．

　タランチュラ星雲は，近くの恒星が放出する高エネルギーによって，星間ガスが発光するタイプの散光星雲です．写真では赤く写りますが，双眼鏡で見ても色はわかりません．

タランチュラ星雲

　1987年2月23日にタランチュラ星雲の近くにSN 1987A（スーパーノバ1987A）という超新星が発見され，数ヵ月後には3等級にまでなりました．肉眼で見ることができた超新星は1604年に発見された「ケプラーの星」以来のことです．その後，徐々に暗くなり約10ヵ月後には6等級を切り肉眼では見えなくなりました．現在，ハッブル宇宙望遠鏡によって3つのリングを持つ姿が撮影され，超新星残骸への移行過程を観測できると期待されています．このSN 1987Aによるニュートリノが岐阜県飛騨市にある神岡鉱山のカミオカンデで検出されました．この業績によって小柴昌俊東京大学名誉教授が2002年にノーベル物理学賞を受賞しました．

右下にSN 1987A超新星．1987年撮影．上のタランチュラ星雲の写真にはこの位置に明るい星はありません．
©Australian Astronomical Observatory and (optionally) Photograph by David Malin from AAT plates.

ハッブル宇宙望遠鏡で撮影された最近のSN 1987A．
©NASA/ESA

101

■小マゼラン雲

　小マゼラン雲も大マゼラン雲と同様，私たちの銀河系に寄り添う伴銀河です．ハッブル分類で棒渦状銀河とされていますが，どう見ても渦を巻いているようには見えません．双眼鏡では，洋梨のような少し細い三角形に見えます．小マゼラン雲の視直径は280′×160′という5°弱の大きさですが，小型の双眼鏡ではっきり確認できるのは，明るい2°くらいの部分です．それでも大マゼラン雲に次ぐ大きな銀河に違いはありません．ただ，大マゼラン雲より暗いので，薄雲がかかっていたり透明度が悪いとよく見えないかもしれません．

　双眼鏡で見ていると小マゼラン雲とともに気になる天体が同じ視野に入ってきます．小マゼラン雲本体から2°くらい西にある明るく丸い光芒です．これは，NGC104という番号をもつオメガ星団に次ぐ全天で二番目に明るく大きい球状星団です．双眼鏡の同一視野での小マゼラン雲との共演は見ものです．並んで見えるのは，見かけの位置が隣だからで，実際にはNGC104は銀河系に属していて，小マゼラン雲より近くにあります．

　その昔，NGC104は，「きょしちょう座47」というひとつの星として番号が付けられました．そんなところもオメガ星団に似ています．

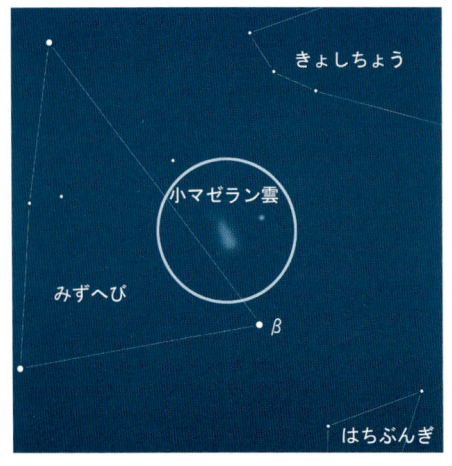

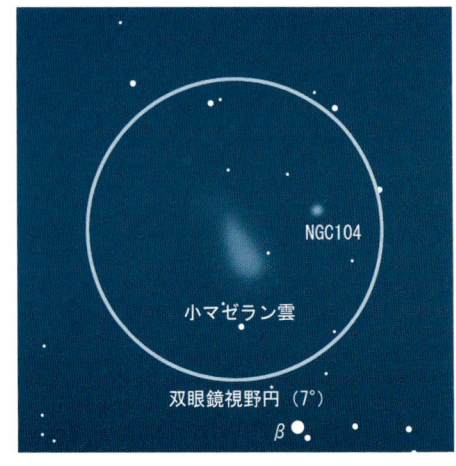

これは雲か星雲か！マゼラン雲

⭐ マゼラン雲あれこれ

■伴銀河マゼラン雲の謎

　ふたつの大小マゼラン雲は，私たちの銀河系（天の川銀河）や230万光年離れたアンドロメダ銀河（M31），255万光年離れたさんかく座のM33などとともに局部銀河群に属しています．局部銀河群には約500万光年の範囲に40以上の銀河が属しています．

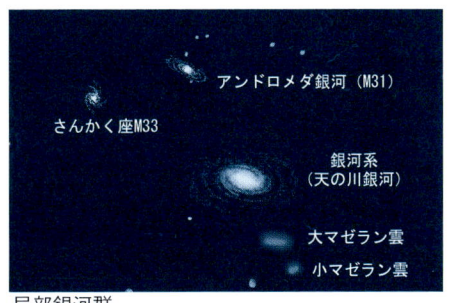

　大小マゼラン雲は銀河系に近いお隣の銀河，伴銀河です．それぞれの大きさは大マゼラン雲が3万光年，小マゼラン雲が1.5万光年．地球から大マゼラン雲までの距離は16万光年，小マゼラン雲までの距離は20万光年．そして，大マゼラン雲と小マゼラン雲の相互の距離は7.5万光年とされています．

　大小マゼラン雲は伴銀河として，ともに銀河系の周りを回っているというのが一般的な考えですが，ふたつのマゼラン雲は，これまでの説の2倍近い速度で移動しているとする研究成果が発表されました．これが事実だとすると，たまたますれ違っているだけではないのかと考えられています．また，マゼラニック・ストリームという大小マゼラン雲から100°以上も伸びる水素の流れの解明など，まだまだ謎多きマゼラン雲です．

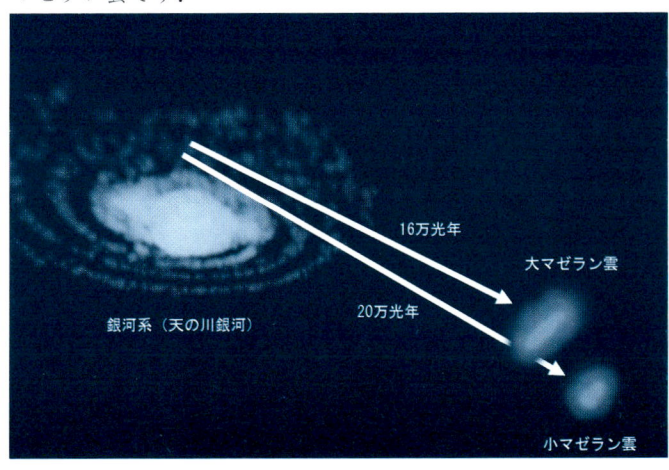

局部銀河群

大小マゼラン雲までの距離

■人とマゼラン雲の歴史

　マゼラン雲は目立つ存在なので，有史以前から知られていたことでしょう．特に小マゼラン雲は，地球の歳差運動によって紀元前10世紀頃には天の南極付近にあって南極雲？になっていました．3000年前に南半球に住んでいた人たちは，夜になると年中動かぬ小さな雲とその周りを回る大きな雲を見て何を思っていたことでしょう．

　イスラムの時代には，903年に現在のイランの首都テヘランに近いレイで生まれたイスラム天文学者のアル・スーフィーの著書「星座の書（キターブ・スワル・アル・カワーキブ）」に，アラビア半島南部で大マゼラン雲が見えることが記されています．ちなみにこの「星座の書」は，2世紀に書かれたプトレマイオスの「アルマゲスト（天文学大全）」を踏襲し発展させたものです．

　そして，大航海時代の真っ只中，1519～1522年のフェルディナンド・マゼランの世界一周航海によって，マゼラン雲のことがヨーロッパの人たちに知られるようになりました．マゼランはポルトガル人ですが，スペイン王の命により5隻の艦隊を率いました．この航海に同行したイタリア・ヴィチェンツァ出身のアントニオ・ピガフェッタによる記録にマゼラン雲のことがありました．ピガフェッタはスペインまで生き残って帰ることができた18人のマゼラン遠征隊のひとりです．

　1603年に刊行されたヨハン・バイエルの星図「ウラノメトリア」には大マゼラン雲を「Nubecula Major」（大きなちぎれ雲），小マゼラン雲を「Nubecula Minor」（小さなちぎれ雲）と表記され，それぞれ大きな雲と小さな雲の絵が描かれています．1801年に出版されたヨハン・ボーデの星図「ウラノグラフィア」にも同じように表記され，他の星座絵とともに大小ふたつの雲が描かれています．

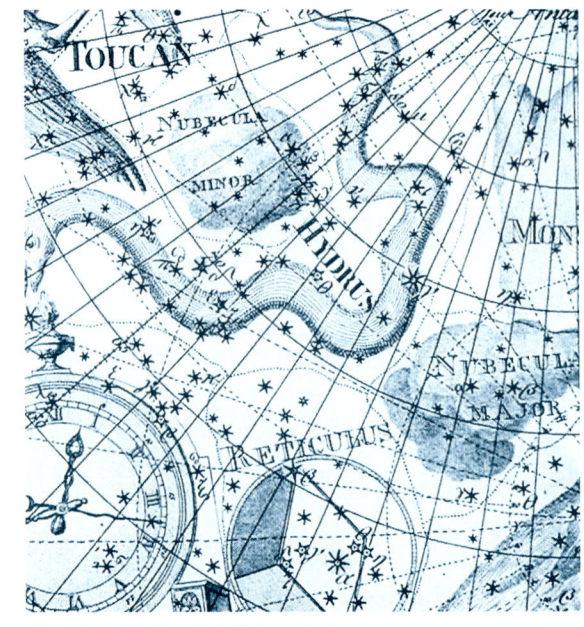

ボーデの星図「ウラノグラフィア」

オーストラリアのすごい星空

★ オーストラリアで星見 人気の秘密

星空を眺め，星座を探すことに興味をもつと，日本からは見えない星空を追い求めたくなります．その代表が南十字星であり，それを見るために，はるか南方の地に足を運ぶ人たちがたくさんいます．その行先として，オーストラリアは最も人気があります．それではなぜオーストラリアには，星見の地として人気があるのでしょうか．

■天の川の一番濃いところがてっぺんに

　オーストラリアの星空で最も注目したいのは天の川です．天の川銀河のメインストリートともいうべきいて座からさそり座あたりの一番明るく派手に輝く部分が頭上に昇ります．ここは天の川銀河の中心方向です．日本では，この天の川の一番濃いところは地平線から20〜30°くらいの高度にしかなりません．したがって，見たことのない光景がオーストラリアの天空に広がります．まさにミルキーウェイ，天からミルクがこぼれ落ちるようです．街明かりのない空の暗い場所では，白い紙に手をかざし，注意深く見ると天の川の星明りによる影ができているのがわかるほどです．このような満天の星空につつまれていると地球も宇宙に浮かぶ星のひとつであるということが実感でき，人間の存在の小ささを悟り，悩みも解消してしまいます．

　星々はまるで夜空に張り付いているようで，瞬きも少なく感じられます．これはオーストラリアのシーイングがよいためです．そして，さそり座からおおかみ座，ケンタウルス座にかけて青白い色の明るい星が多いのに気付くかもしれません．これは，さそり・ケンタウルスOBアソシエーションと呼ばれる高温で若い星のグループです．元は同じ頃に誕生した散開星団で，広がり続けています．カノープスや南十字星もこのグループの仲間だと考えられています．このような星たちの成り立ちを思いながら天の川を見ると，一層楽しくなります．

オーストラリア・クーナバラブランの天の川

■天の川ウォッチングポイント

　オーストラリアは人口密度が少ないため、シドニーなどの大都市を除き内陸部に入れば、牧草地帯やアウトバックと呼ばれる荒涼とした台地が広がります。人が少ないところには街明かりもなく、そこには素晴らしい星空が待っています。オーストラリアは太陽からの紫外線が強いことでも有名ですが、天気のよい昼間の空は真っ青に抜け、澄み渡っています。このようなことも星空が美しい要因ですが、これは乾燥した土地だからこそです。

　オーストラリアは乾燥大陸と呼ばれます。オーストラリアの大半の地域が年間降水量の少ない乾燥帯に属しているからです。西部から内陸部はステップ気候であり、もっと内陸に入ると砂漠気候になります。年間の雨量は少なく、星を見に行くには絶好の土地です。世界最大級の一枚岩エアーズロック観光拠点の地、エアーズロックリゾートは1年を通してたいへん晴天率がよく、大きな都市も近くに無いため南半球での天の川のウォッチングポイントとして最高の場所です。

　北部は熱帯気候に属し、夏にあたる12月から3月くらいまでが雨季となり、多くの雨が降ります。したがって、ケアンズなど北部へ行く場合には、6月から10月の冬にあたる季節の方が、天気もよく星空が見られるチャンスも多いでしょう。

　シドニーのある南東部地方は、西海岸性気候で年間平均して雨が降りますが、冬にあたる8月から10月が比較的降水量は少なめです。オーストラリア大陸の東端にある大分水嶺山脈（グレート・ディヴァイディング山脈）の西側はステップ気候になり雨が少なくなります。シドニーから500kmほど北西方向に内陸へ入ったサイディング・スプリング天文台のある街、クーナバラブランは星見スポットとして人気があります。

　パースのある南西部は地中海性気候で、夏にあたる12月から3月がたいへん降水量が少なく、南半球の星空を見るにはとても適しています。内陸部まで遠征するよりは行きやすいので、多くの天文愛好家の人たちが南半球の星空を見るために出かけます。ただ、パースは大きな都市なので、街明かりを避けるため郊外に離れないといけません。しかし、パース以外に大きな都市はありませんので、空の暗い場所を求めるのは比較的容易です。

■天の川銀河はいつが見頃？

　8月上旬の21時頃にオーストラリアでは，いて座付近の天の川の最も明るい部分が頭上に昇ります．日本では夏の天の川として親しまれていますが，季節が逆のオーストラリアでは冬にあたります．4月，5月と月を遡ると夜半過ぎから夜明け前頃に真上に来ますので，夜更かしか早起きをしなければなりません．6月や7月には真夜中に南中することになり，ほぼ一晩中見ることができます．天の川銀河の中心ウォッチングには一番よい時期となります．

　天の川を見るために人工灯火のないどんなに暗いところへ行ったとしても，月明かりがあるとその明るさに負けて天の川はよくわからなくなってしまいます．細い月があっても月が天の川から離れていれば，透明度のよいオーストラリアであれば，天の川を見ることはできます．しかし，月明かりのない空で見る天の川のコントラストは格別です．天の川を見るための旅行計画を立てる場合には，なるべく月明かりの無い新月に近い時期に行くのがおすすめです．

　新月はいつ頃なのか調べるには，インターネットのホームページ「国立天文台天文情報センター暦計算室」(http://eco.mtk.nao.ac.jp/koyomi/) が便利です．「こよみの計算（CGI版）」のページに「月の満ち欠けカレンダー」がありますので参考にしましょう．計算地点をシドニーにすることもできますので，月の出入りや日の出入り時刻などもわかります．

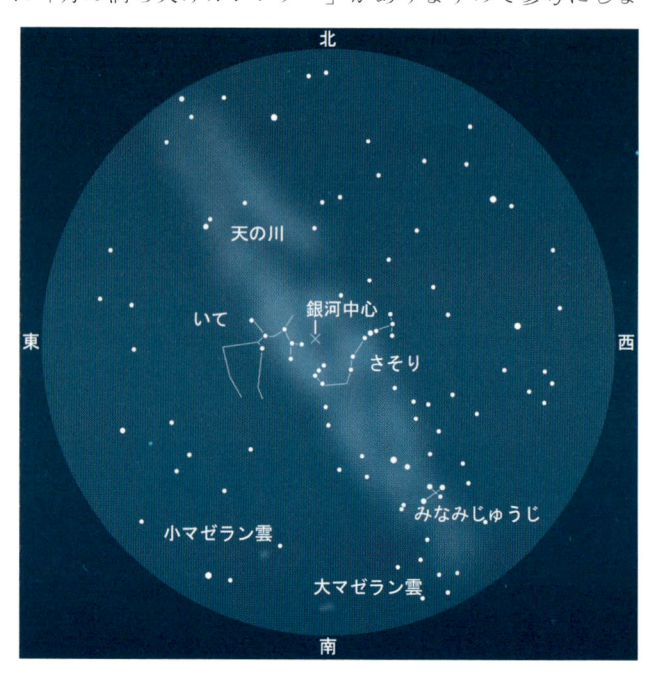

南緯30°の星空
星空時刻表
4月上旬の05時
5月上旬の03時
6月上旬の01時
7月上旬の23時
8月上旬の21時

オーストラリアのすごい星空

■季節が変わると別の天の川が

　日本では冬の天の川と呼ばれているオリオン座やおおいぬ座の東側を流れる天の川が、季節が反対になるオーストラリアでは夏の夜空に昇ります。天の川銀河の中心方向を見る、いて座付近の天の川のように明るく派手ではありません。いて座付近の天の川は、星の集まりというより、面積を持った大きな雲のようですが、こちらの天の川は、キラキラ光る砂粒を散りばめたような粒状感があり、星々が集まっているということがわかりやすい印象を受けます。暗くて透明度のよい空で見るとしっとりとしていて、また違った天の川を楽しむことができます。

　3月上旬の21時頃にオーストラリアでは、おおいぬ座の南の方にある、ほ座やりゅうこつ座あたりの日本では見ることが難しい天の川が高いところに昇ります。12月、1月と月を遡ると、天の川は夜半前には昇り、夜半過ぎから夜明け前頃に真上に来ます。この時期は日本の夏と同じように夜明けが早いので、寝過ごすともう空は明るいということになりかねませんので注意が必要です。3月から4月は、おおいぬ座からほ座あたりの天の川は夜半前には頭上を駆け抜け、夜中過ぎには西に傾いてしまいますが、南十字星付近の天の川が真夜中に南中し、その後、いて座付近の天の川が昇ってきて、夜明けまで天の川の最も濃い中心方向を堪能できます。南半球での天の川の全容を一晩で巡ることができる、天文ファンには寝られないもっとも楽しめる時期となります。

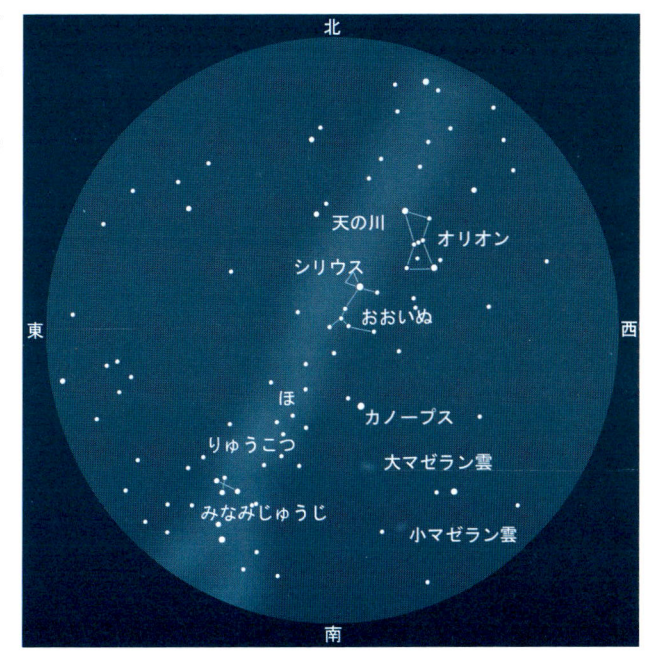

南緯30°の星空
星空時刻表
12月上旬の03時
1月上旬の01時
2月上旬の23時
3月上旬の21時
4月上旬の19時（薄明中）

109

■逆さのオリオン

　最も有名な星座といえば，オリオン座でしょう．ベテルギウスとリゲル，ふたつの1等星を持ち，もうふたつの2等星とで構成された長方形の真ん中に2等星の三つ星が並んでいます．日本では凍て付く冬の代表的な星座ですが，季節が日本と逆のオーストラリアでは，暖かい時期の星座になっています．しかも，向きも逆．オリオン座は逆さ吊りになっているのです．

　といわれても，オリオン座の星の並びは対称的ですからあまり見慣れていない人には，逆さになっても同じように見えるかもしれません．しかし，見慣れた人にとっては，違和感この上ないのです．対称的といっても完全対称ではありませんから，余計いつもと少しだけ違う，なんだかあやしい星の配置になります．右斜め上に傾いた三つ星は同じように右斜め上の配列ですからなおさらです．日本では下にある小三つ星が上になりますので，そこではじめて逆さのオリオンを確信できるでしょう．左上に赤く輝くはずのベテルギウスがオーストラリアでは右下になります．そして，右下に白く輝くはずのリゲルが左上になります．つまり，赤い星と白い星が逆になっている，そんなところも違和感のひとつです．

　また，日本では南の地平線からオリオン座を見上げるのに対して，赤道を越え南半球まで南下するとオリオン座は天頂を通り越して北の空に昇ります．北を向いて見上げることになるのです．すると，東から昇って，西へ沈むのは当然同じですが，日本ではオリオン座を南に向かって見るので，左から昇って右に沈んで行きます．ところが，オーストラリアでは北に向かって見ることになるので，右から昇って左へ沈んで行くのです．このような動き方は慣れていないので，不思議な感覚に陥ります．

　日本ではオリオン座より下に位置する全天一明るいおおいぬ座のシリウスがオリオン座の上に輝き，かなり高く昇るのも見慣れません．全天で二番目に明るいカノープスもそうです．日本では地平線スレスレにしか昇らず，見えるとありがたがられる星なのにオーストラリアではたいへん高いところまで昇ります．この明るさ一，二位の星が頭上に輝くのです．

オーストラリアのすごい星空

■オリオン座　日本との見え方の違い

　逆さのオリオン座やシリウス，カノープスが見頃の時期はオーストラリアでも日本とほとんど変わりません。オリオン座は，日本では冬の星座なのに夏でも見える意外な星座として知られていますが，8月になれば，明け方近くに東の空に昇ります。それはオーストラリアでも同じです。夜半前に見やすくなるのは12月過ぎからです。暗くなった夜の初めの頃に見るのでしたら1月から3月までが見頃です。5月になると夜の早いうちに沈んでしまいますが，オリオン座は長い期間見ることのできる星座です。

　下の星図はどちらも2月上旬，現地時間21時頃の星空です。サマータイム（夏時間）採用のシドニーは22時頃です。

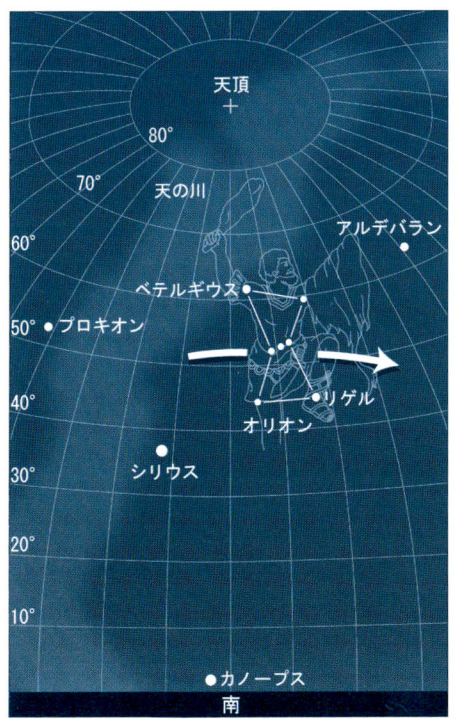

北緯35°（東京など）から見たオリオン座
低空まで晴れていれば，高度2°ほどのところに，シリウスに次いで二番目に明るいカノープスを見ることができます。

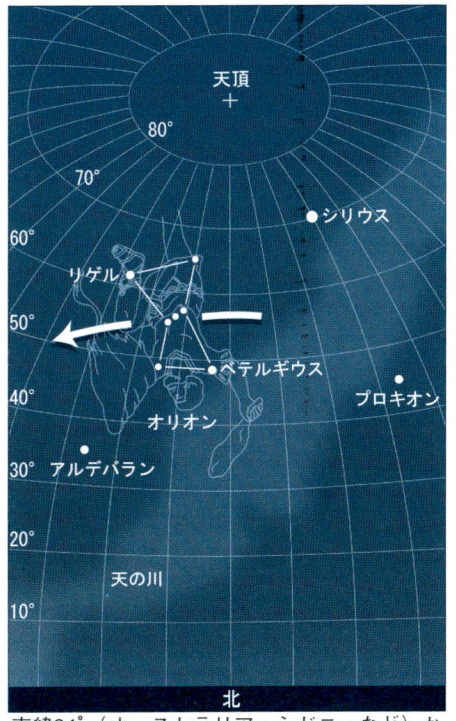

南緯34°（オーストラリア・シドニーなど）から見た逆さのオリオン座
シリウスはオリオン座より高い位置に昇り，日本でシリウスのあったところと同じような位置にアルデバランが輝きます。

111

■銀河系を見ている

　私たちの太陽系は，銀河系（天の川銀河）の中心と端の間の端寄りにあります．いて座付近の天の川の最も明るい部分は銀河系の中心を見ていることになり，たくさんの星や星間物質による暗黒帯を目の当たりにすることになります．まさに真横から見るエッジオン銀河で，天体望遠鏡を使うことなく肉眼で銀河の壮大なスケールを体感することができるのです．オリオン座方向の天の川が，星数が少なくひかえめなのは，銀河系中心と反対方向を見ていることになるからです．

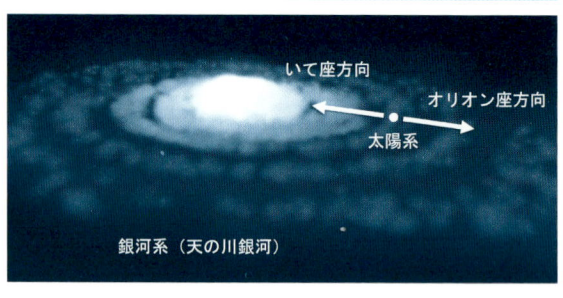

　銀河系には2000億個の星があるといわれます．天の川を見ていると，私たちはその星々に囲まれて宇宙の中に存在していることをまざまざと感じさせられます．

■日本の夜空と比べてみる

　日本ではもちろん，地平線下にある南半球の星空を見ることはできませんので，南天の星空を求めてオーストラリアへ行くのですが，夜空の暗さを求めて行く，というのももうひとつの理由です．日本では，街の明かりが山間部まで押し寄せて，真っ暗な星空を見つけることが難しくなっています．そのようなわけで，日本では体験しづらくなった暗い夜空の明るい星々を見るために，最も行きやすい絶好の星空の地，オーストラリアを目指すのです．

日本の山間地での天の川．都会の明かりが忍び寄って来ています．

南半球の星座ガイド

日本から見えない星座たち

　天の南極付近の星座は，地平線から昇らないため日本から見えません．北緯35°の東京あたりの緯度地では，天の南極を中心とした半径35°の範囲内にある星を見ることができないのです．見る場所の緯度が高くなるほど見られない範囲は広くなり，緯度が低くなるほど狭くなります．星座名を見ても聞きなれない名前が並びます．それは，南の国の特有の鳥であったり，動物であったり，あるいは道具であったりします．新しく設定された星座ばかりですから，一部を除いてギリシャ神話には登場しません．

■わかりにくい南半球の星座

　星空に星座線は引いてありません．星座をたどるということは，ただでさえ難しいことなのに，南半球の星座は見つけるのがたいへんです．とにかく，細かく分かれ，それぞれの星座が小さいこと，そして星座を構成する星が暗いことが理由です．それに加え，いつも見ている星座ではないため慣れていないこともあげられるでしょう．

　なんだか，無理やり星座を埋めていった感がないわけでもない南天の星座ですが，みなみじゅうじ座以外はよくわからないといっても過言ではありません．しかも，がんばって暗い星をつないで星座がわかったとしても，たどった線がなぜその星座名で呼ばれるのか，星座線と星座名の関連性が不明なものも多くあります．まあ，星座線に決まりは無く自由に引いていいのですが．そこは，星座線をあてにせず想像をたくましくすれば，見えてこないこともありません．

　星座名は，ひらがなかカタカナで表記することが決まっています．南天の星座はかな文字の名前だけ見るとなんだかわからないものがあります．私は子どもの頃，

南半球の星座ガイド

テーブルさん座を山ではなく人の名前だと思っていました．このように，名前も実態もよく知らない星座を探すこともおもしろいことではないでしょうか．

■南天星座の見つけ方

1) じょうぎ：暗い4〜5等星で構成された星座です．いびつな四角形が天の川の暗黒帯部分にあるのがかろうじてわかるでしょうか．
2) さいだん：さそり座の南に3〜4等星で構成されています．天の川を祭壇から昇る煙と見立てるとおもしろいです．
3) ぼうえんきょう：3〜5等星からなる暗い星座です．細長いから望遠鏡なのでしょうか．
4) インディアン：ぼうえんきょう座の隣で，こちらも3〜5等星からなる暗い星座です．この星列をインディアンに見るには想像力が必要です．
5) くじゃく：頭にあたる星は2等星ですが，それ以外4等星以下で羽を広げて目立つ孔雀とはいい難い地味な星座です．
6) ふうちょう：漢字で風鳥と書きます．極楽鳥といったほうが通じやすいかもしれません．4〜5等星の暗い星からなり，実際の鳥のように派手ではありません．
7) みなみのさんかく：2等星ひとつと3等星ふたつで三角をつくります．コンパス座の隣，見つけにくい南天星座の中では，わかりやすい星座です．

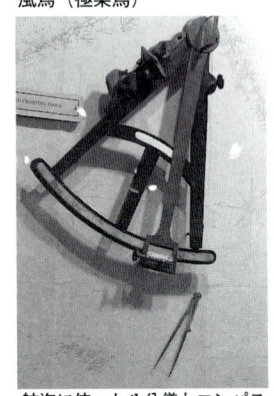

風鳥（極楽鳥）

8) コンパス：3〜4等星の細長い三角．ケンタウルス座α星の隣で見つけやすいです．
9) ケンタウルス：ギリシャ神話に登場する半人半馬のケンタウルスは，馬の脚部分が本州から見えません．南へ行けばαとβの明るいふたつの星が前足の蹄になっているのがわかります．
10) みなみじゅうじ：言わずもがなのみなみじゅうじ座です．
11) はえ：みなみじゅうじ座のすぐ南にあります．3〜4等星のひしゃげた台形のうち，みなみじゅうじ座寄りのふたつの星がはえの目に見えます．

航海に使った八分儀とコンパス

12) カメレオン：すべて4等星以下で目立ちません．はえを狙っています．
13) はちぶんぎ：4等星三つで細長い三角ができます．天の南極にある星座ですが，残念ながら南極星になるような明るい星はありません．
14) きょしちょう：漢字で巨嘴鳥と書きます．巨大な嘴（クチバシ）のオオハシといった方がわかりやすいでしょう．クチバシにあたる3等星以外は4等星以下です．

小マゼラン雲が足下の片隅にあります．

15) **みずへび**：エリダヌス座のアケルナルの南．3等星三つで三角形ができます．わかりやすい星座ですが，へびがなぜ三角なのでしょう．
16) **テーブルさん**：南アフリカのケープタウンにある頂上がテーブルのように平らな山です．大マゼラン雲のすぐ南にあり，すべて5等星以下で極めて暗い星座です．肉眼で探すのは至難の業ですので，双眼鏡の助けが必要となるでしょう．
17) **とびうお**：ニセ十字星と大マゼラン雲との間に4等星でできた，ひしゃげた三角を見つけましょう．
18) **りゅうこつ**：ケンタウルス座の西隣の星座で，シリウスに次ぐ全天で二番目に明るい星カノープスとエータ・カリーナ星雲があります．ニセ十字星でも有名です．
19) **ほ**：りゅうこつ座のすぐ北にあります．アルゴ座からともに分離しました．
20) **がか**：カノープスの隣で3〜5等星をつなぎます．漢字で書くと画架です．
21) **かじき**：3〜4等星からなる星座．上アゴの長い大型魚です．かじきの尾びれにあたる部分に大マゼラン雲があります．
22) **レチクル**：大マゼラン雲のそばで，3〜4等星がちょっと歪んだひし形に並びます．レチクルとは，望遠鏡視野にはった十字線のことです．
23) **とけい**：17世紀に発明された振り子時計です．エリダヌス座に沿うようにありますが，ひとつの4等星の他はすべて5等星以下で，星座をたどるには苦労します．

南天星座あれこれ

かつては，2世紀頃のクラウディオ・プトレマイオスが定めた「トレミーの48星座」がヨーロッパやアラビア世界で使われました．その後，大航海時代になって，南半球の星空をヨーロッパの人たちが知ることとなり，バイエルやラカーユによって南天の星座が設定されたのです．

■バイエルの12星座

ドイツのヨハン・バイエルは1603年に発表した星図「ウラノメトリア」に南天の12星座を新設しました．ほとんどが，南の国の珍しい鳥，魚，動物です．

現在のはえ座は，当時，みつばち座と記されていましたが，ラカーユの時代（18世紀）になって，はえ座となりました．インディアン座は，アメリカ先住民がモデルです．星座にするということは，大航海時代の新大陸発見とともに，先住民との出会いがよほど衝撃的であったということの証でしょう．

バイエルの12星座は次の通りです．かな文字ではわかりにくいため，漢字表記も加えます．

　　インディアン・かじき・カメレオン・きょしちょう（巨嘴鳥）
　　くじゃく（孔雀）・つる（鶴）・とびうお・ふうちょう（風鳥）
　　ほうおう（鳳凰）・みずへび（水蛇）・みつばち（後にはえとなる）
　　みなみのさんかく

■ラカーユのつくった新しい星座

　フランスの天文学者ラカーユは，南アフリカのケープタウンで1750年～1754年にかけて南天の観測を行ないました．観測した恒星数は1万個にもおよび，その観測結果は，ラカーユの死後1763年にCoelum Australe Stelliferum（南天恒星カタログ）として出版され，そこにラカーユのつくった新しい星座が加えられました．

　当時の最先端を行く機器や，航海に重要な器具が多く星座になりました．しかし，星を結びづらいことや，形をイメージしにくいことが欠点になっています．

　また，古くからあったアルゴ座を四つの星座に分割したのもラカーユです．大きすぎたからというのがその理由のようです．

　ラカーユの新星座は次の通りです．かな文字ではわかりにくいため，漢字表記も加えます．

　　がか（画架）・けんびきょう（顕微鏡）・コンパス・じょうぎ（定規）
　　ちょうこくぐ（彫刻具）・ちょうこくしつ（彫刻室）
　　テーブルさん（テーブル山）・とけい（時計）・はちぶんぎ（八分儀）
　　ぼうえんきょう（望遠鏡）・ポンプ・レチクル・ろ（炉）
　　アルゴ座から分割：とも（艫）・ほ（帆）・りゅうこつ（竜骨）
　　　　　らしんばん（羅針盤）

地域別 南天星座マップ

星座の位置を調べるには，星座早見盤を使います．月日と時間を合わせればそのときの星空が簡単にわかるという手軽な優れものです．それでは，海外へ行ったときにも，日本で使っていた星座早見盤が利用できるのでしょうか？ 基本的にはできません．日本と緯度が同じような地域では使えますが，それ以外，北の国へ行ったり，南の島へ行ったり，特に南半球へ行けばなおさら，緯度がまったく異なるので，役に立たなくなってしまいます．そこで，本書では南方へ旅行される方向けに北緯20°，赤道，南緯30°の三つの緯度別南天星座マップを収録しました．それぞれの緯度には，±5°の幅をもたせてありますので，多くの場所で使っていただけることと思います．

■星座マップの使い方

まず，星座マップの見方です．これは，全天周の星図で，円周が地平線になります．円の中央が天頂で，真上を見上げたときの全天の星空が描かれています．

① **緯度地域**：三つの緯度地域に分け，ひとつの緯度地域ごとに6枚の星座マップを掲載しています．それぞれの緯度別に対象の地域が，北緯20±5°星座マップでは，沖縄，ハワイ，サイパン，グアムと記載してありますが，これは，本書の内容と合わせるためであり，それ以外の同緯度地域，例えば台湾でも同じように使うことができます．南緯30±5°（オーストラリア，ニュージーランド北島）の星座マップも同様に，同緯度であればアフリカや南米でも使えます．また，赤道±5°の星座マップの対象地域として，北緯7°のパラオや南緯8°のバリが記載されていて，±5°の範囲からはずれてしまいますが，その差は僅かですので不都合を感じることはほとんど無いでしょう．

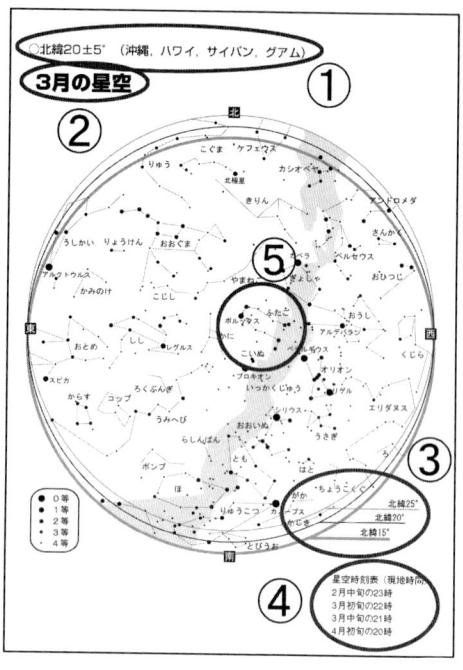

② **何月の星空**：3月の星空というように月ごとの星座マップとしていますが，これは，夜まだ起きていて星を眺める機会の多い夜半前の時間帯の星空です．ですから，時間が深夜や明け方まで進めば，もっと先の月の星空が見えることになります．

緯度ごとに1～11月まで奇数隔月の星空を掲載しています．これは，ページ数の都

合上載せきれなかったためで，偶数月は，奇数月の間をとって，天の極を中心に星は東から昇って西に沈むという日周運動に基づいて想像していただけたら幸いです．

③ **緯度表示**：この星座マップは，緯度±5°の幅をつけて作図していますので，わかりやすいように，それぞれの緯度の地平線を表す円を太さと濃さを変えた三種類の線で描いています．

④ **星空時刻表**：星座マップに描かれた星空に対応する月と時刻を現地時間で掲載しています．ただし，サマータイム（夏時間）は加味していませんので期間中は補正してください．たとえば，オーストラリアのシドニーでのサマータイム期間中は，この時刻表の時間に1時間足してください．つまり，サマータイムの22時の星空はこの星座マップの時刻表の21時と同じです．

⑤ **その他**：この星座マップ中には，星座名と明るい恒星の固有名を記載しています．その恒星の固有名の中で，ケンタウルス座のα星を本文中では，一般的によく使われるαケンタウリと表記していますが，この星座マップでは，固有名として使われるまた別の呼び方，リギルケンタウルスとしました．また，薄い灰色のうねうねとした帯状のものは天の川を表しています．

　使い方は，まず，実際に星空を見る場所の方角を知らなければなりません．北半球でしたら，北極星を見つけてそこから東西南北がわかるのですが，南半球には，北極星はありませんし，天の南極を南十字星から探す方法がありますが，南十字星が見えていなければ，それもできません．北半球であっても，赤道に近づくほど北極星の高度は低くなり，探すのが難しくなります．そこで，方位磁石があれば確実です．あるいは，日が沈む頃，だいたいの西方向がわかりますので，そこから方位の見当をつける方法もあります．

　方角がわかったら，日本では，まず南を向いて星座を探すのが基本ですが，赤道に近い地域や南半球でも，南十字星やマゼラン雲など見たい天体は南方向に集中していますから，南を向きましょう．

　星座マップの緯度と星空時刻表でおおよその月日時間帯の合ったページを開きます．次に南方向を見ている場合は，星座マップ円周の下側に表記してある「南」を下にして，夜空に掲げ，実際の星空と照らし合わせます．もし，東に向かって見る場合には，この本を横にして「東」を下にします．北や西を向く場合もその方向の表記を下にします．実際には，星座を見慣れていないとその大きさがわからず戸惑うことでしょう．南十字星と大小マゼラン雲は，本書の中にあるグーパーによる体のものさしを入れた星図を参考にしてください．

○北緯20±5°（沖縄，ハワイ，サイパン，グアム）

1月の星空

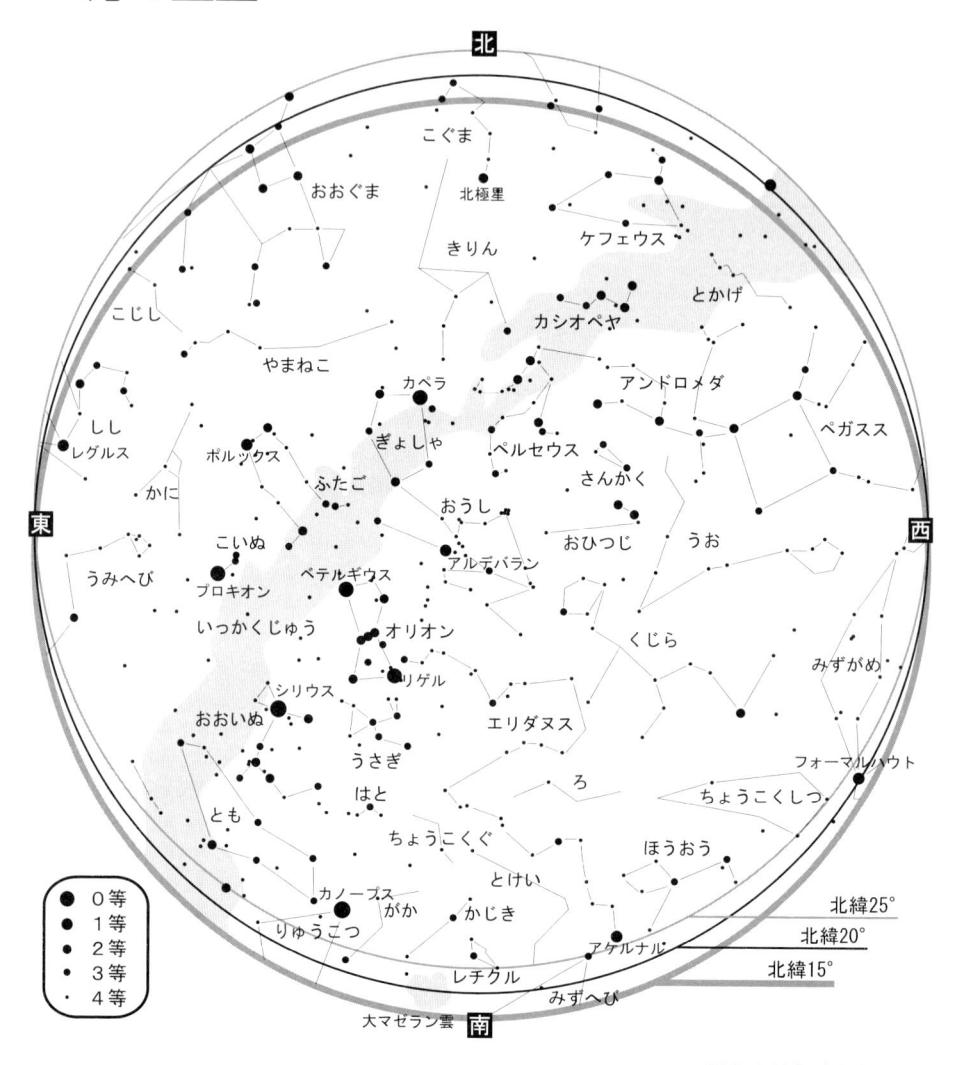

星空時刻表（現地時間）
12月中旬の23時
1月初旬の22時
1月中旬の21時
2月初旬の20時

南天星座マップ

○北緯20±5°　（沖縄，ハワイ，サイパン，グアム）

3月の星空

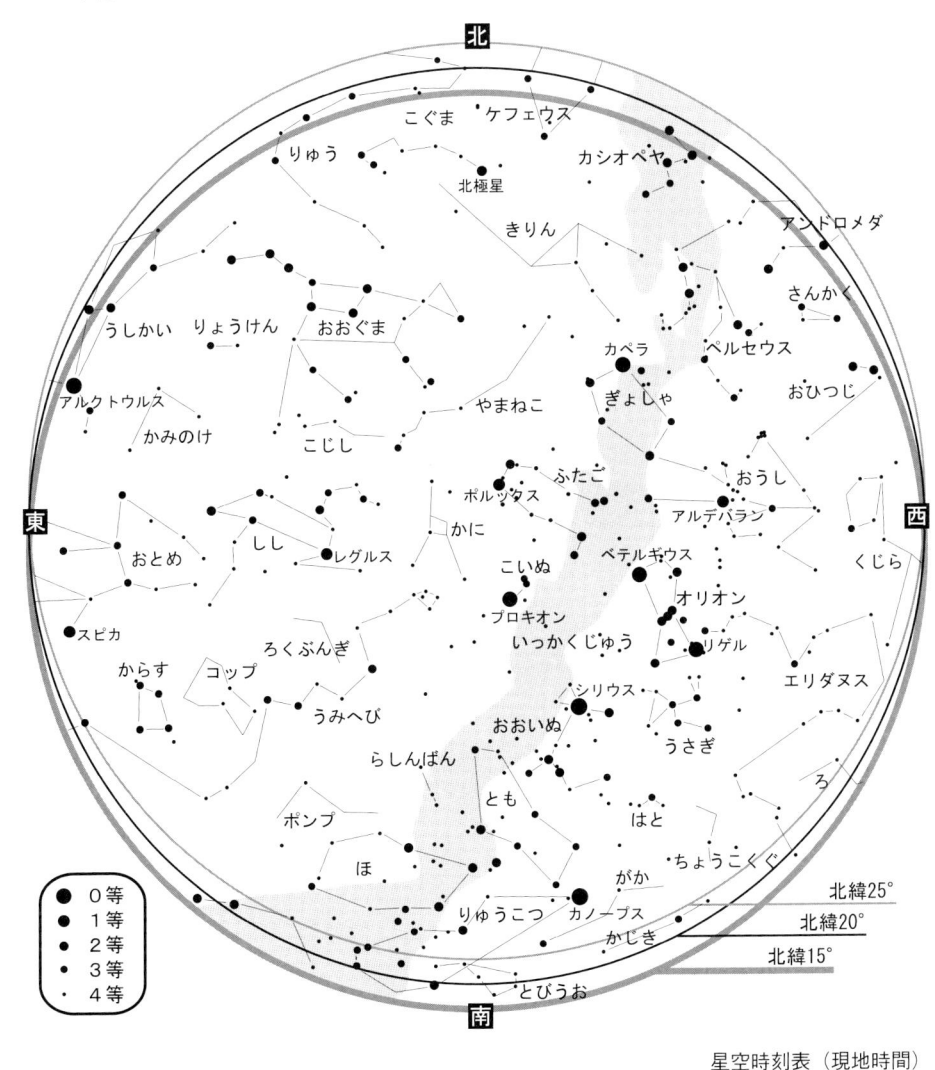

星空時刻表（現地時間）
2月中旬の23時
3月初旬の22時
3月中旬の21時
4月初旬の20時

○北緯20±5°（沖縄，ハワイ，サイパン，グアム）

5月の星空

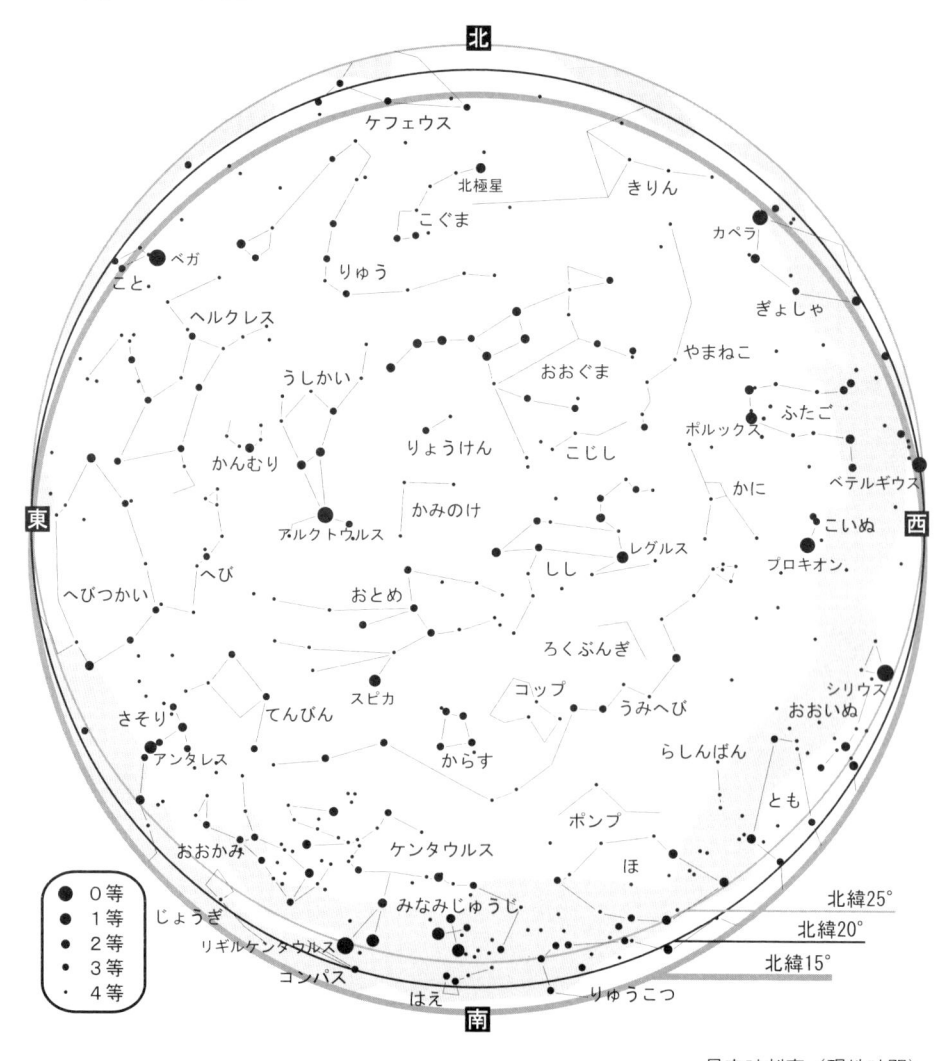

星空時刻表（現地時間）
4月中旬の23時
5月初旬の22時
5月中旬の21時
6月初旬の20時

南天星座マップ

○北緯20±5°　（沖縄，ハワイ，サイパン，グアム）

7月の星空

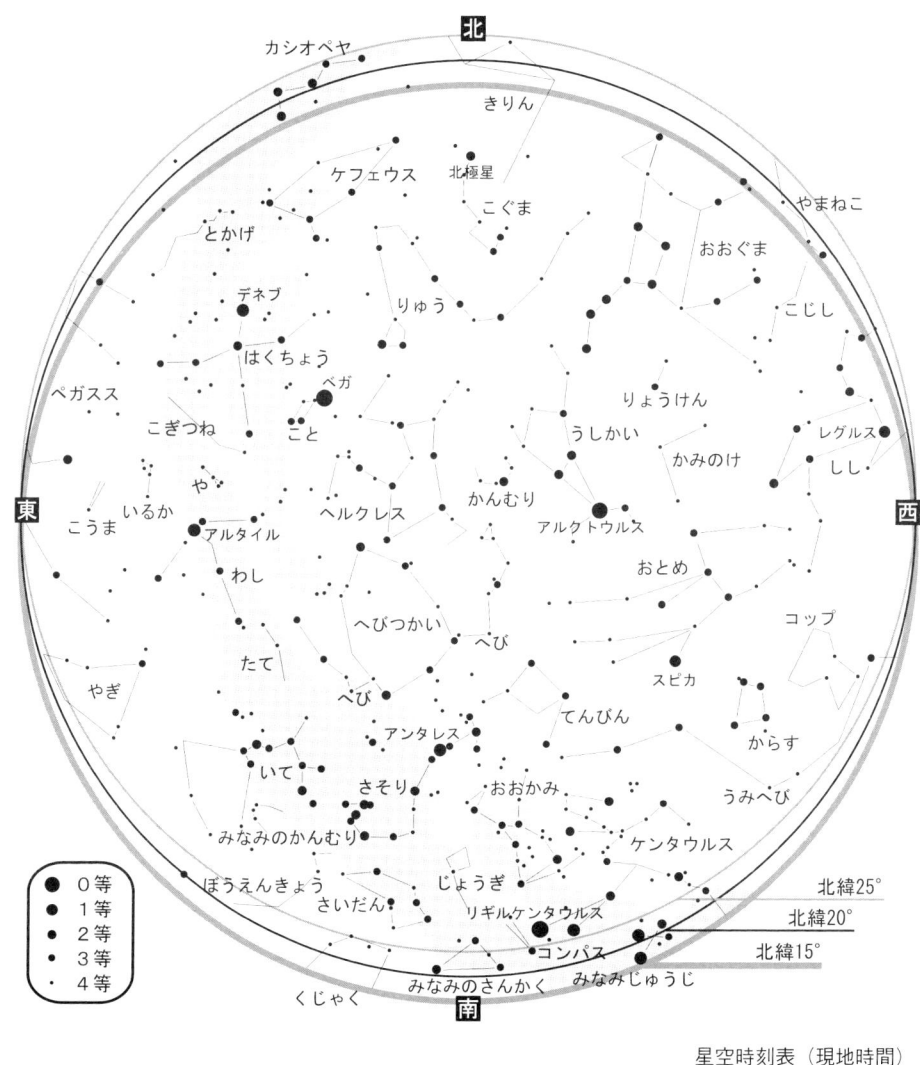

星空時刻表（現地時間）
6月中旬の23時
7月初旬の22時
7月中旬の21時
8月初旬の20時

○北緯20±5°（沖縄，ハワイ，サイパン，グアム）

9月の星空

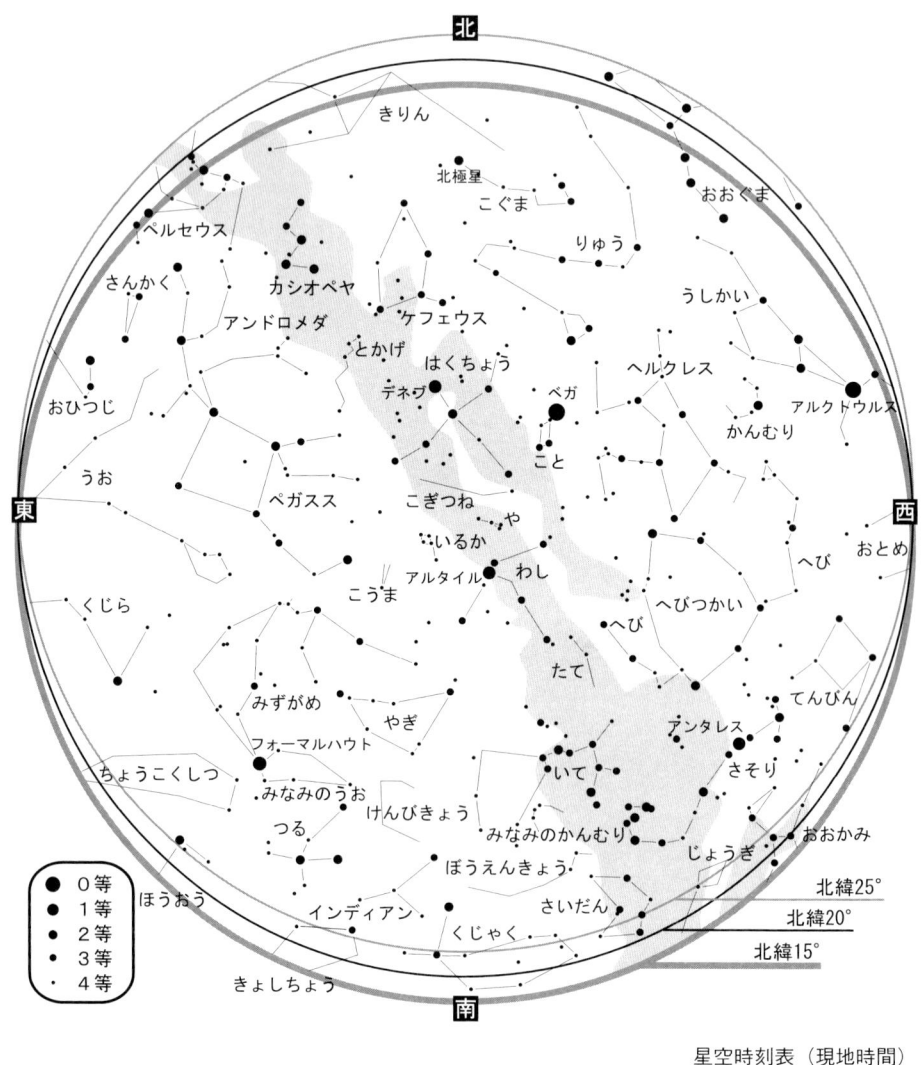

星空時刻表（現地時間）
8月中旬の23時
9月初旬の22時
9月中旬の21時
10月初旬の20時

○北緯20±5°（沖縄，ハワイ，サイパン，グアム）

11月の星空

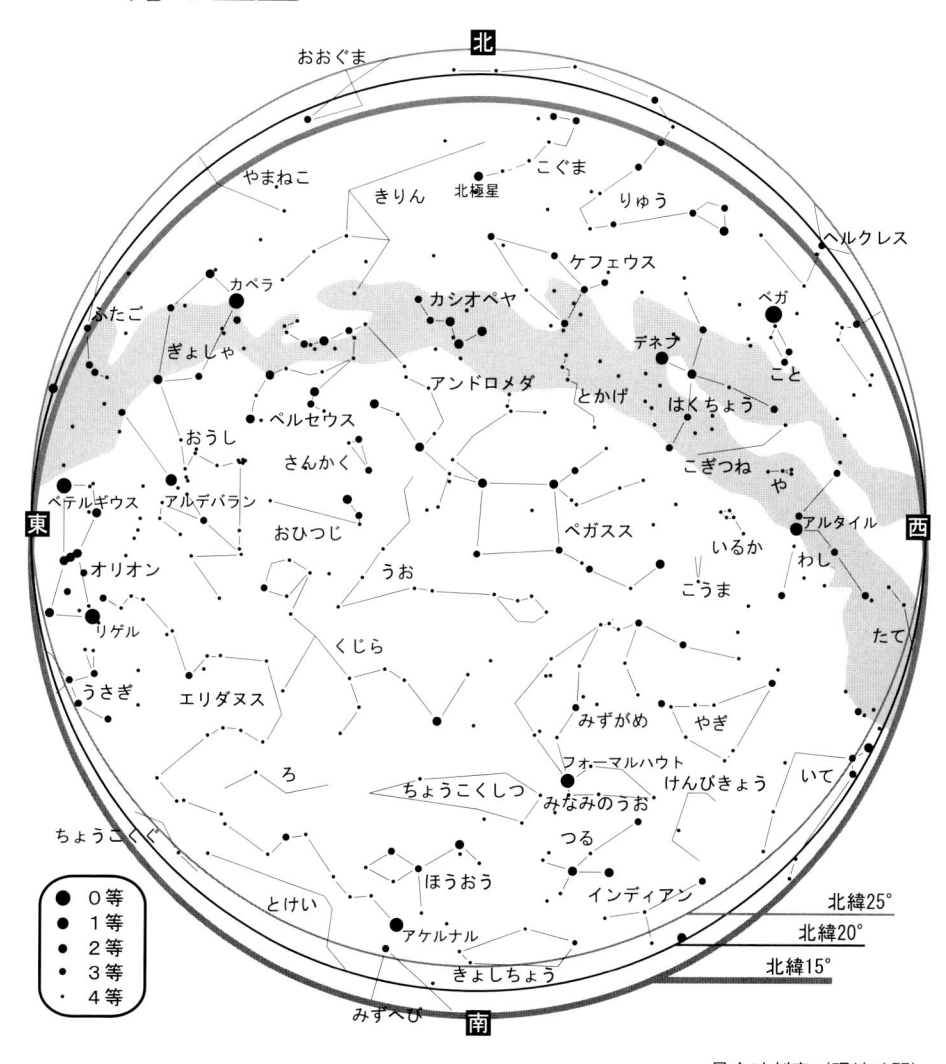

星空時刻表（現地時間）
10月中旬の23時
11月初旬の22時
11月中旬の21時
12月初旬の20時

○赤道±5°　（パラオ，モルディブ，シンガポール，バリ）

1月の星空

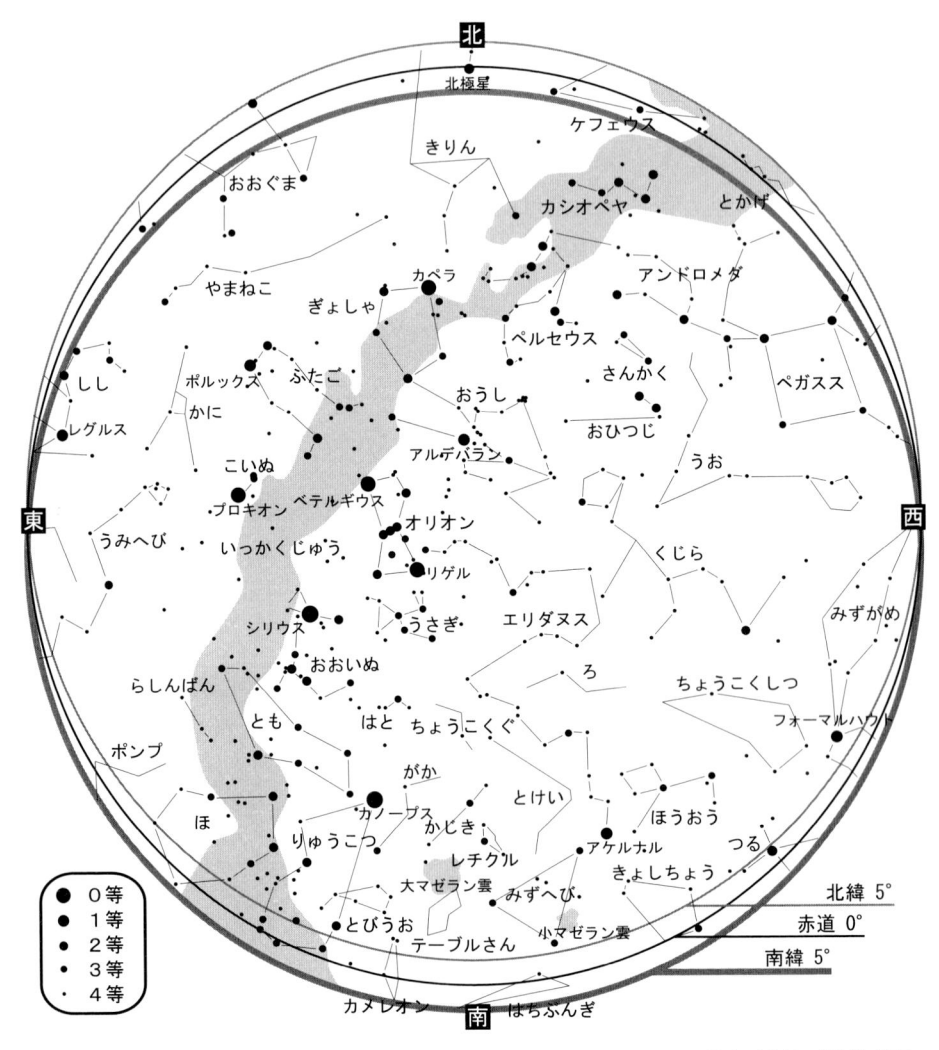

星空時刻表（現地時間）
12月中旬の23時
1月初旬の22時
1月中旬の21時
2月初旬の20時

○赤道±5°（パラオ，モルディブ，シンガポール，バリ）

3月の星空

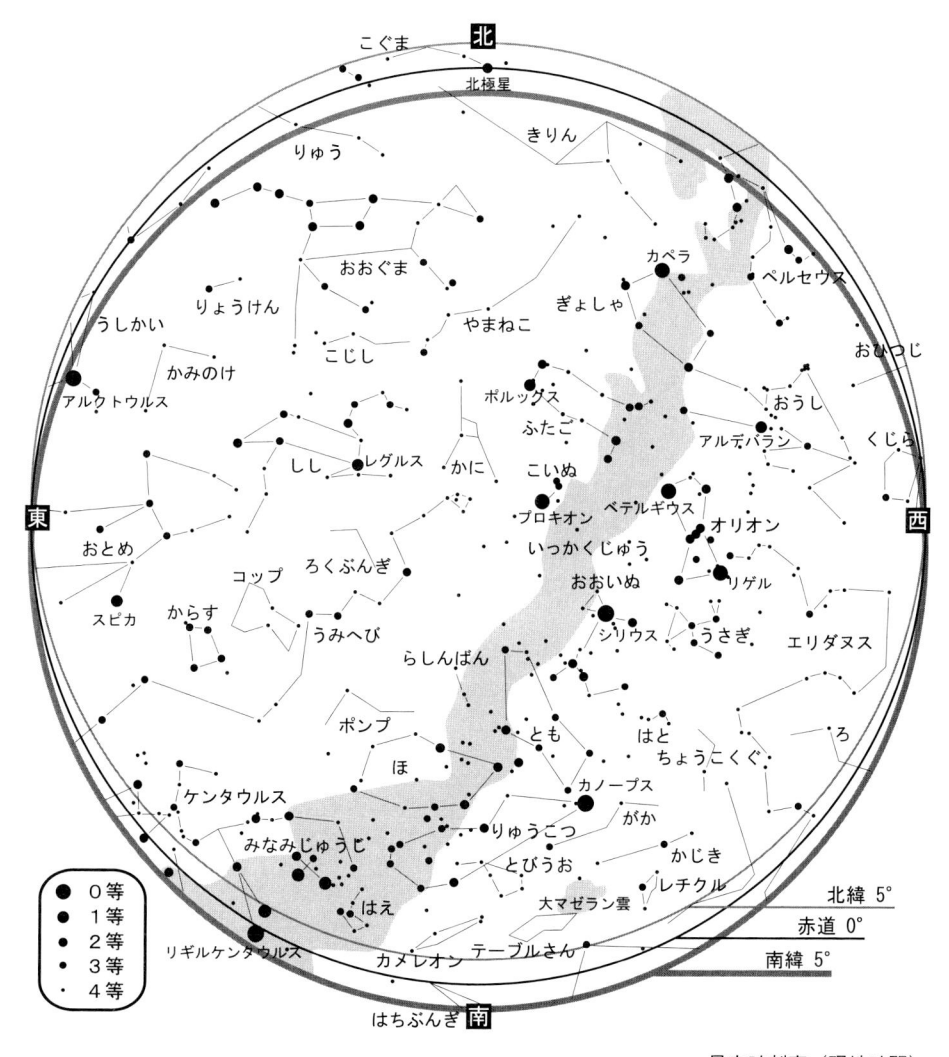

星空時刻表（現地時間）
2月中旬の23時
3月初旬の22時
3月中旬の21時
4月初旬の20時

○赤道±5°（パラオ，モルディブ，シンガポール，バリ）

5月の星空

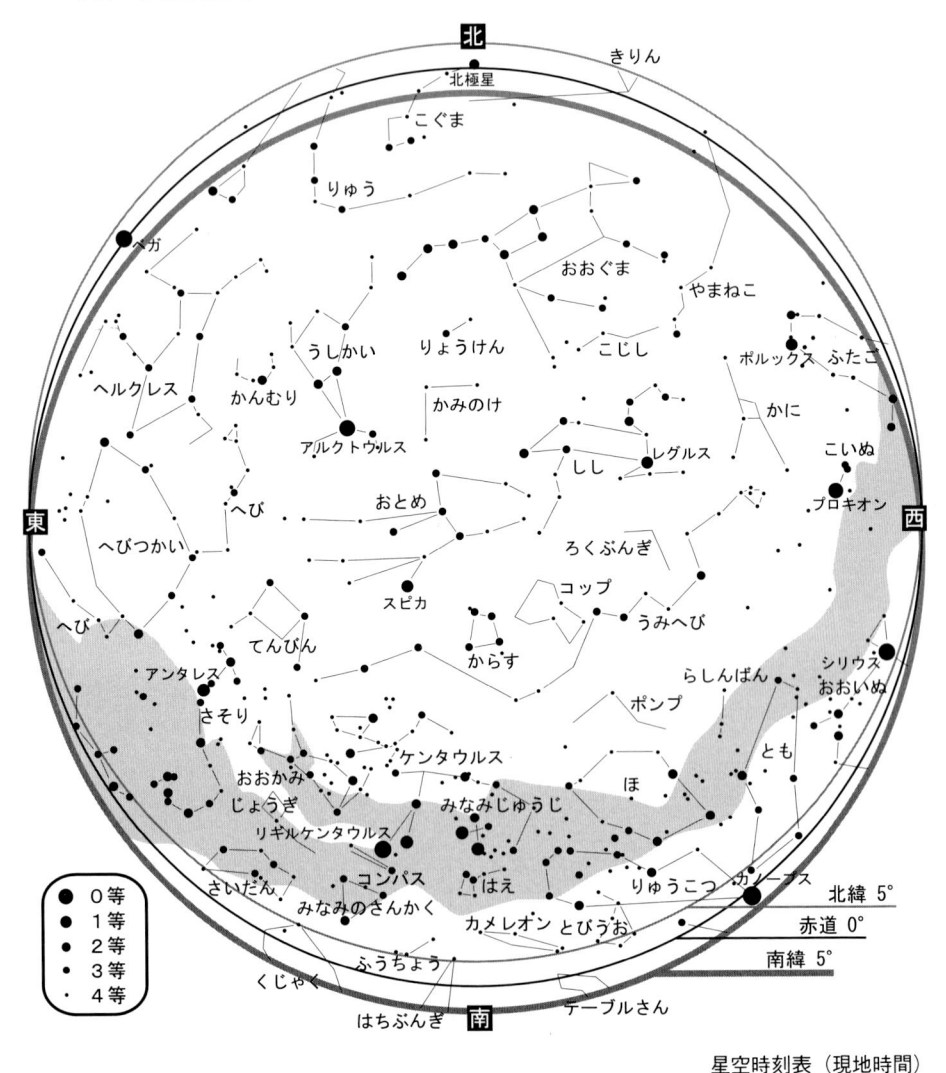

星空時刻表（現地時間）
4月中旬の23時
5月初旬の22時
5月中旬の21時
6月初旬の20時

南天星座マップ

○赤道±5°（パラオ，モルディブ，シンガポール，バリ）

7月の星空

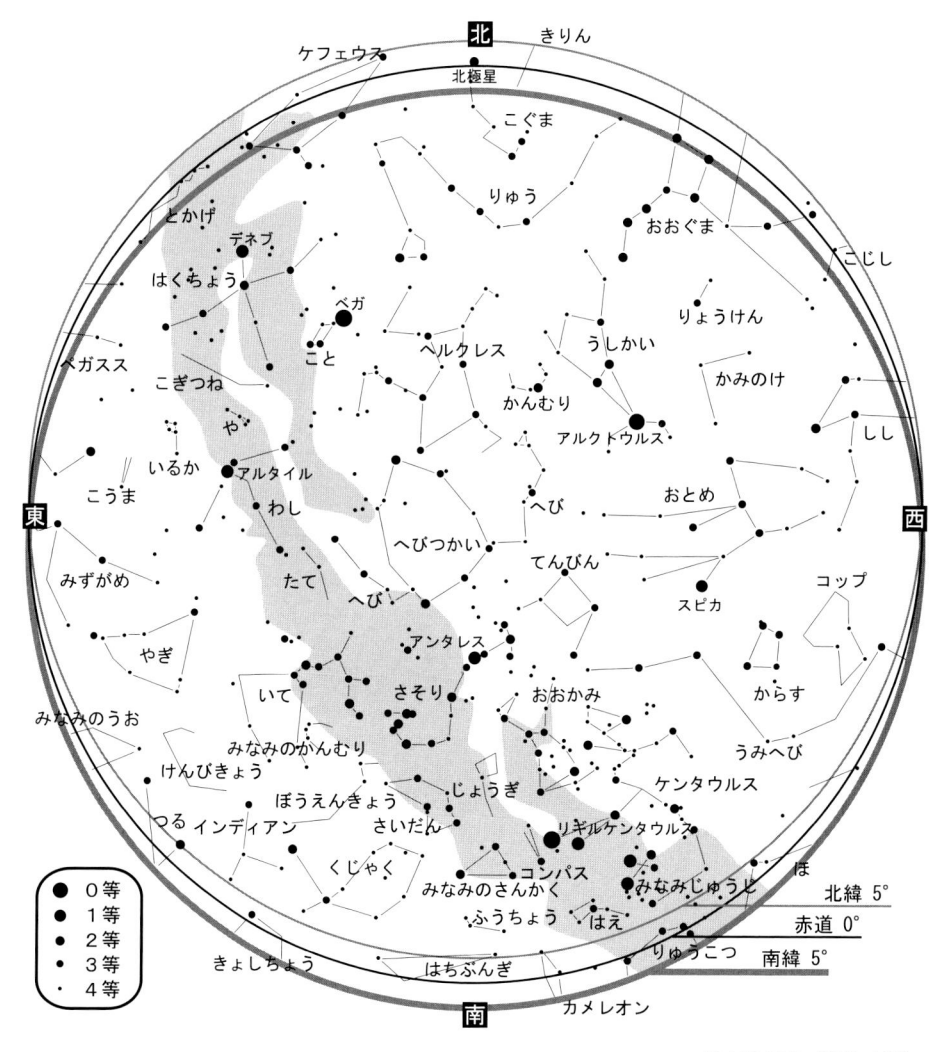

星空時刻表（現地時間）
6月中旬の23時
7月初旬の22時
7月中旬の21時
8月初旬の20時

○赤道±5°（パラオ，モルディブ，シンガポール，バリ）

9月の星空

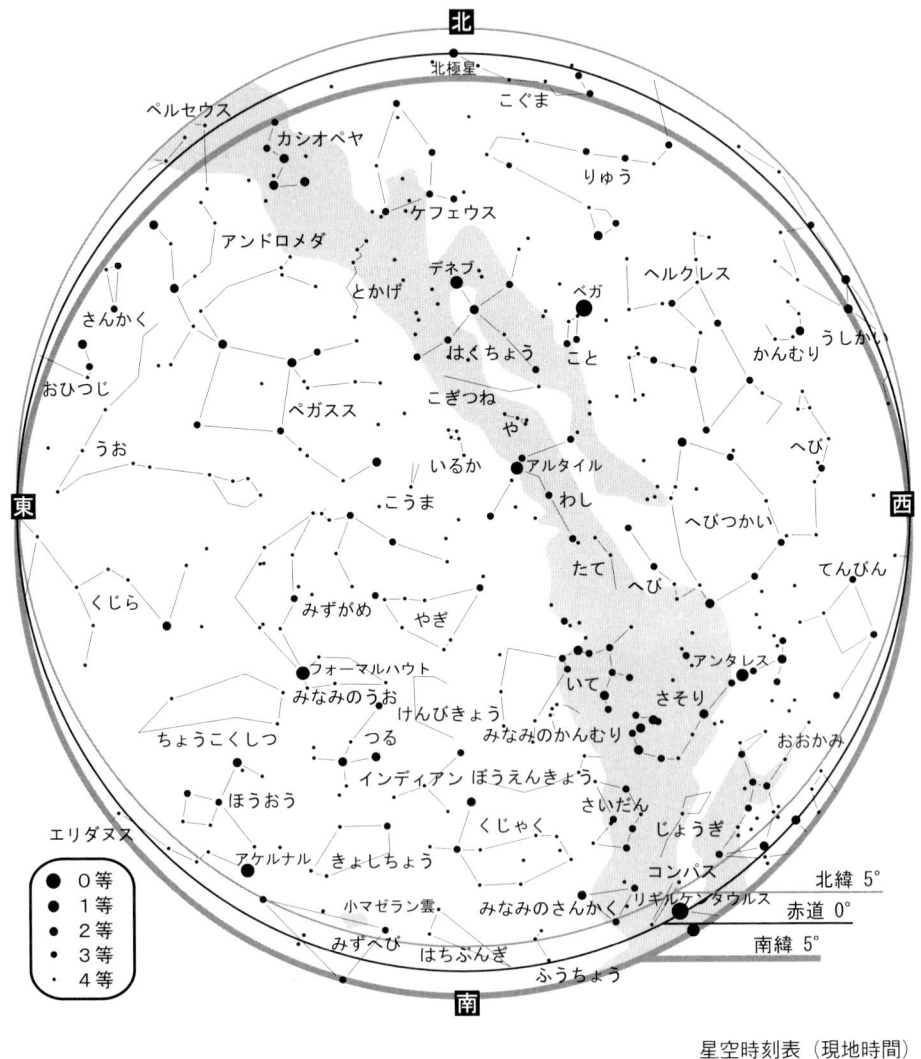

星空時刻表（現地時間）
8月中旬の23時
9月初旬の22時
9月中旬の21時
10月初旬の20時

南天星座マップ

○赤道±5°　（パラオ，モルディブ，シンガポール，バリ）

11月の星空

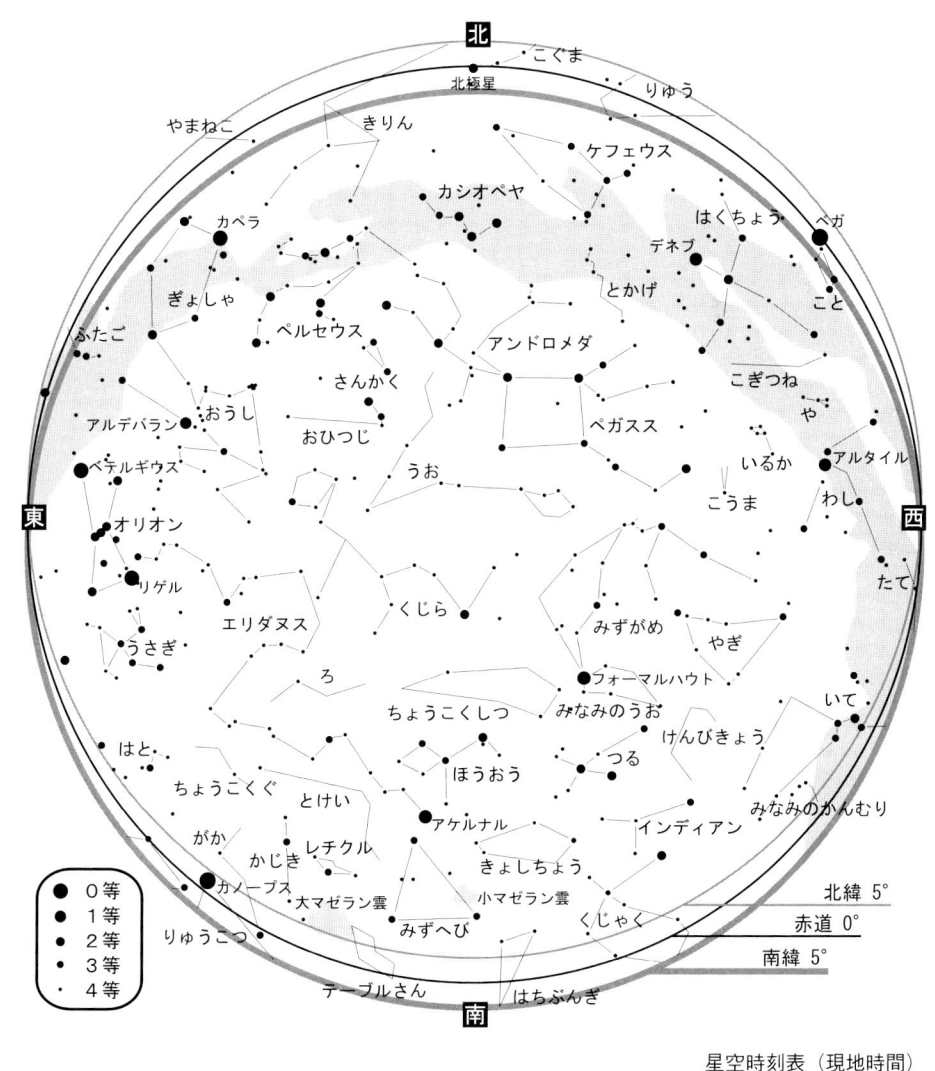

星空時刻表（現地時間）
10月中旬の23時
11月初旬の22時
11月中旬の21時
12月初旬の20時

○南緯30±5°（オーストラリア，ニュージーランド北島）

1月の星空

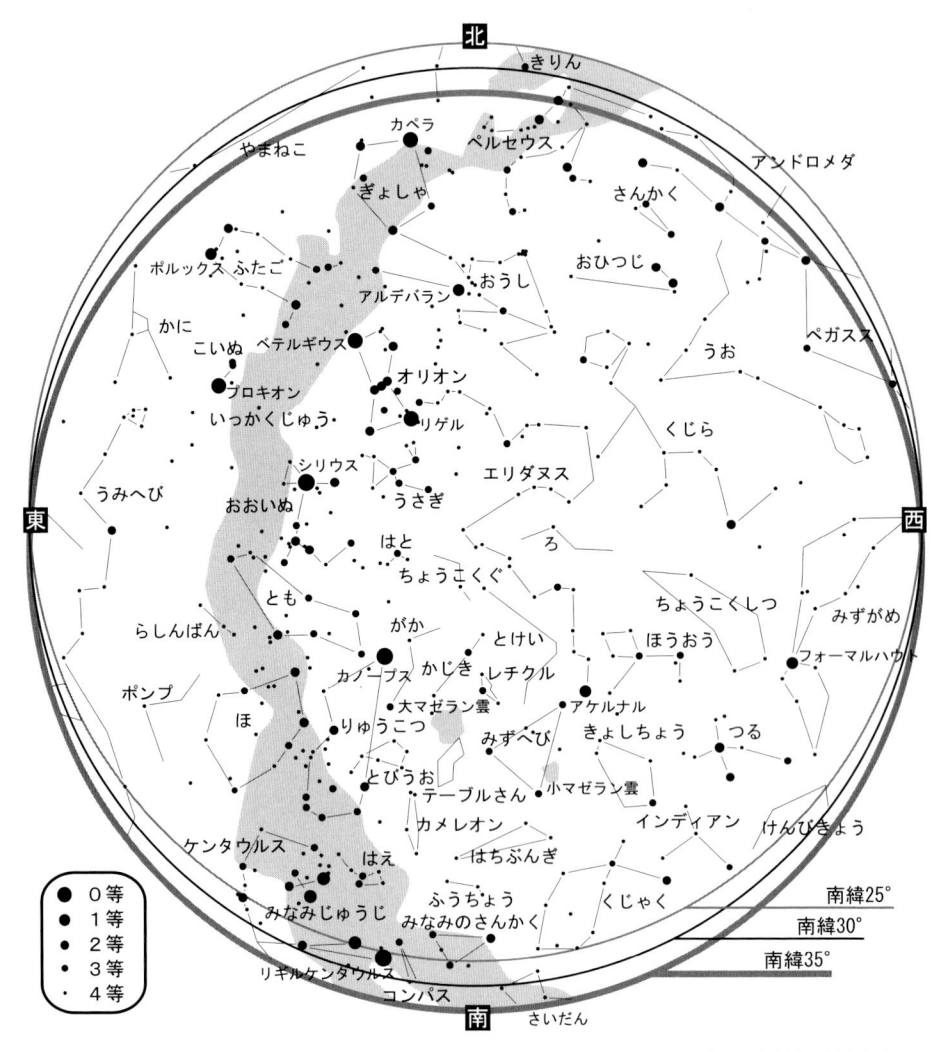

星空時刻表（現地時間）
12月中旬の23時
1月初旬の22時
1月中旬の21時
2月初旬の20時
（サマータイムは加味していません）

南天星座マップ

○南緯30±5°　（オーストラリア，ニュージーランド北島）

3月の星空

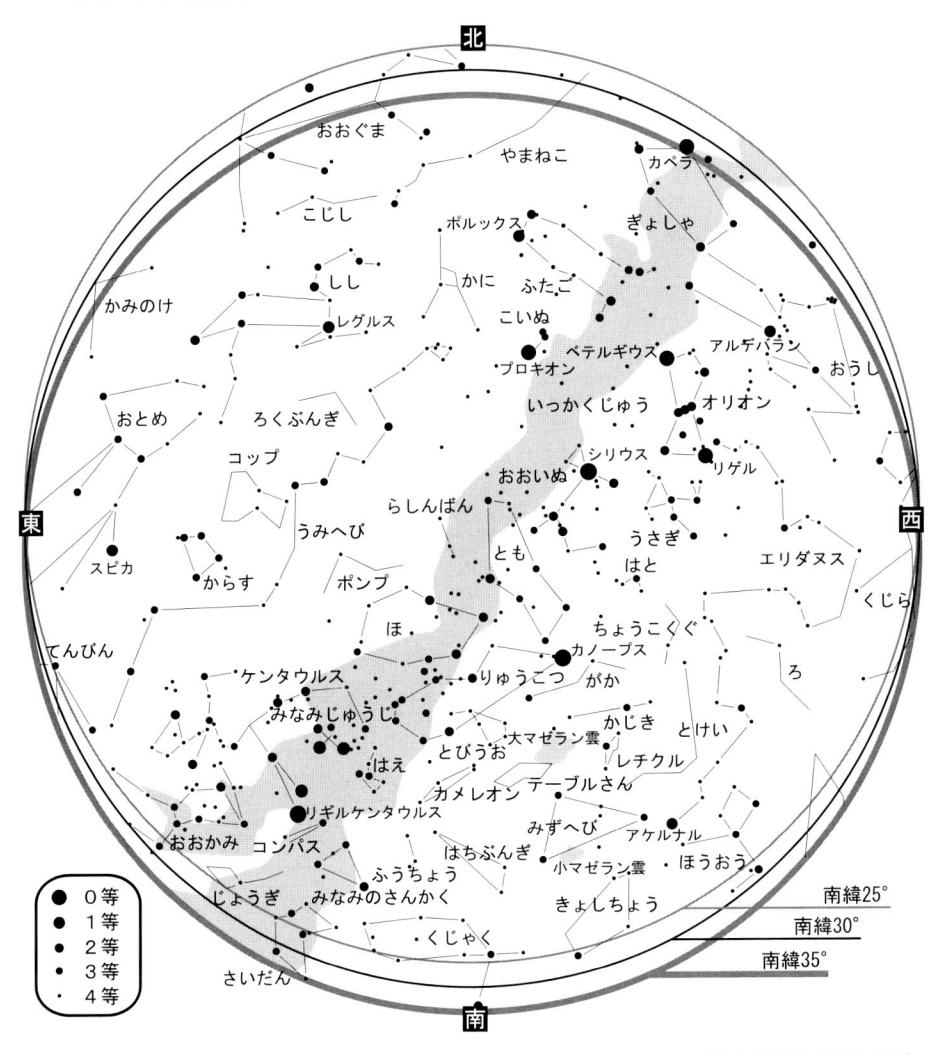

星空時刻表（現地時間）
2月中旬の23時
3月初旬の22時
3月中旬の21時
4月初旬の20時
（サマータイムは加味していません）

○南緯30±5°（オーストラリア，ニュージーランド北島）

5月の星空

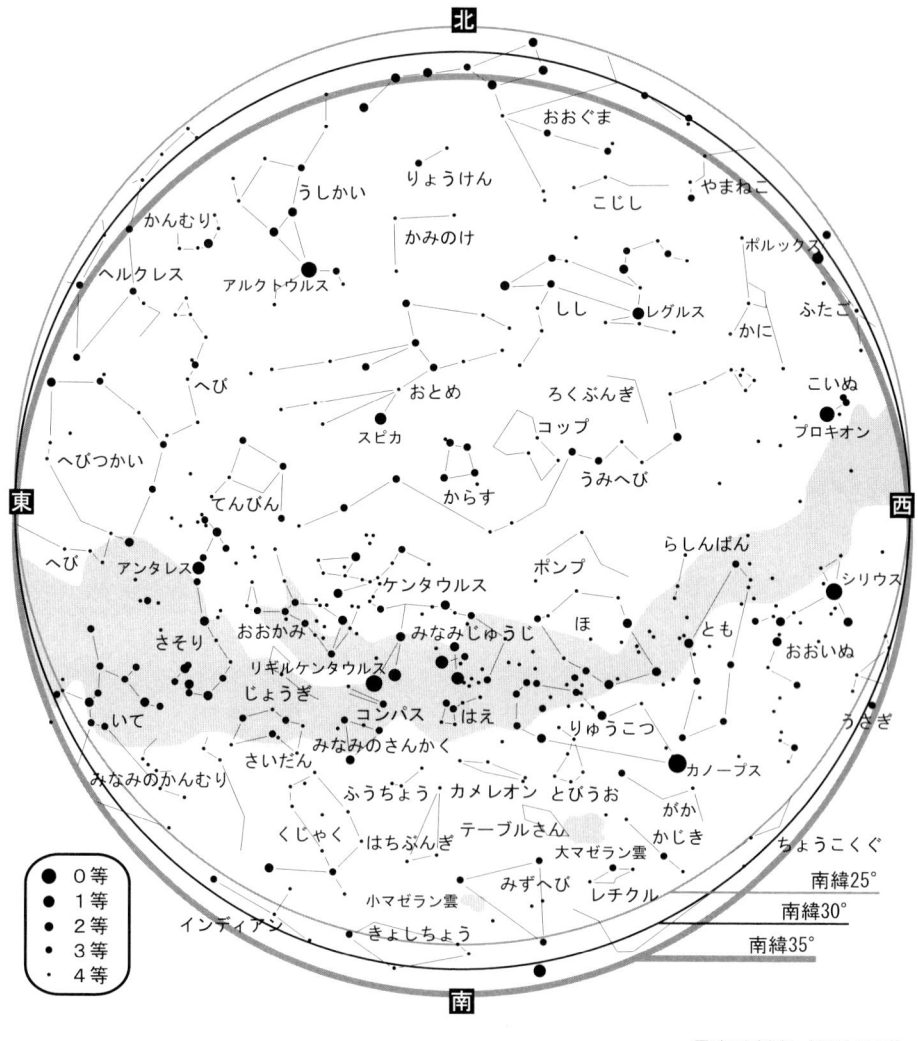

星空時刻表（現地時間）
4月中旬の23時
5月初旬の22時
5月中旬の21時
6月初旬の20時

南天星座マップ

○南緯30±5°（オーストラリア，ニュージーランド北島）

7月の星空

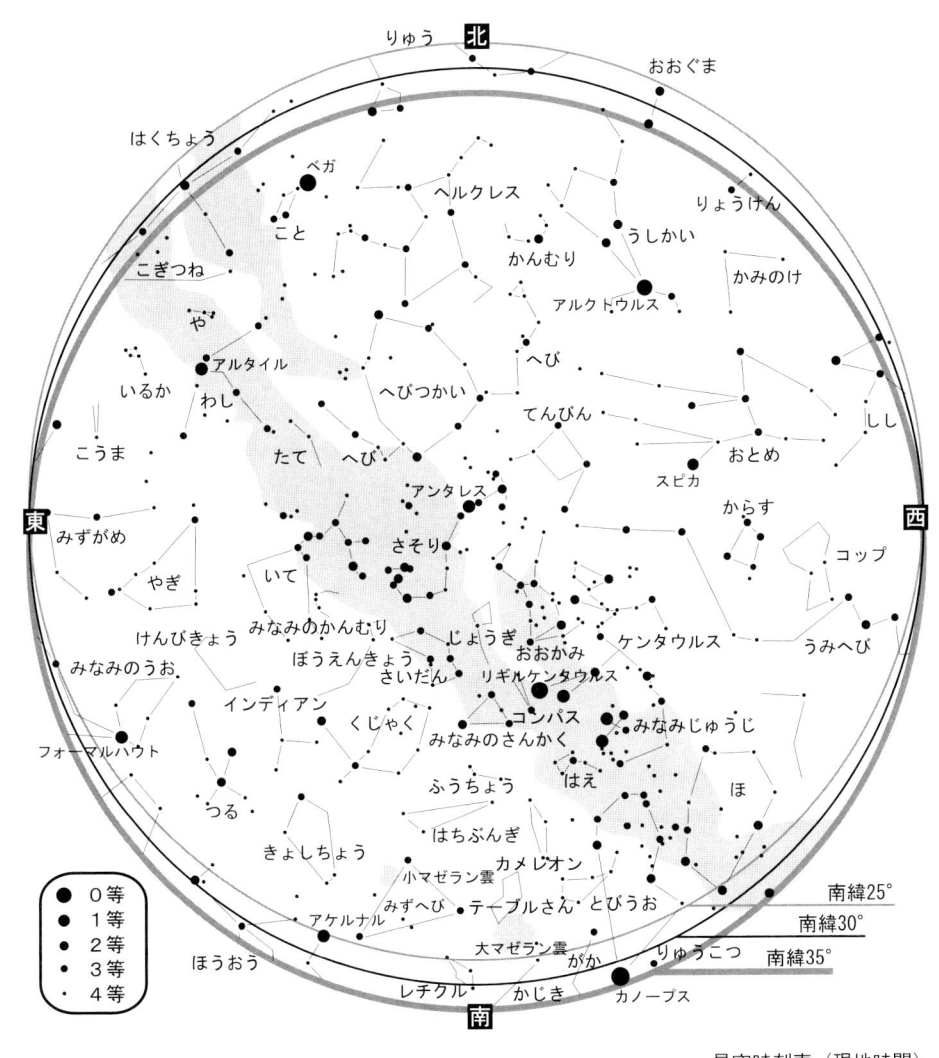

星空時刻表（現地時間）
6月中旬の23時
7月初旬の22時
7月中旬の21時
8月初旬の20時

○南緯30±5° （オーストラリア，ニュージーランド北島）

9月の星空

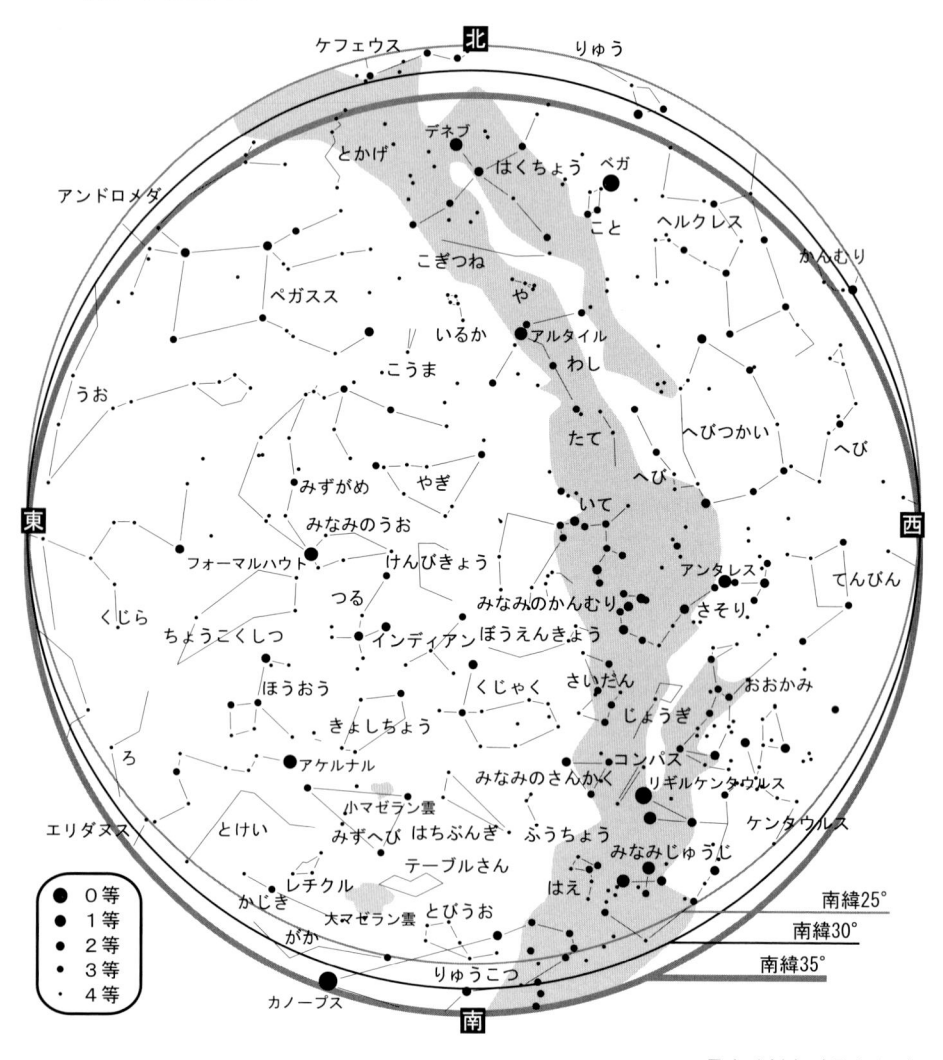

星空時刻表（現地時間）
8月中旬の23時
9月初旬の22時
9月中旬の21時
10月初旬の20時

○南緯30±5°（オーストラリア，ニュージーランド北島）

11月の星空

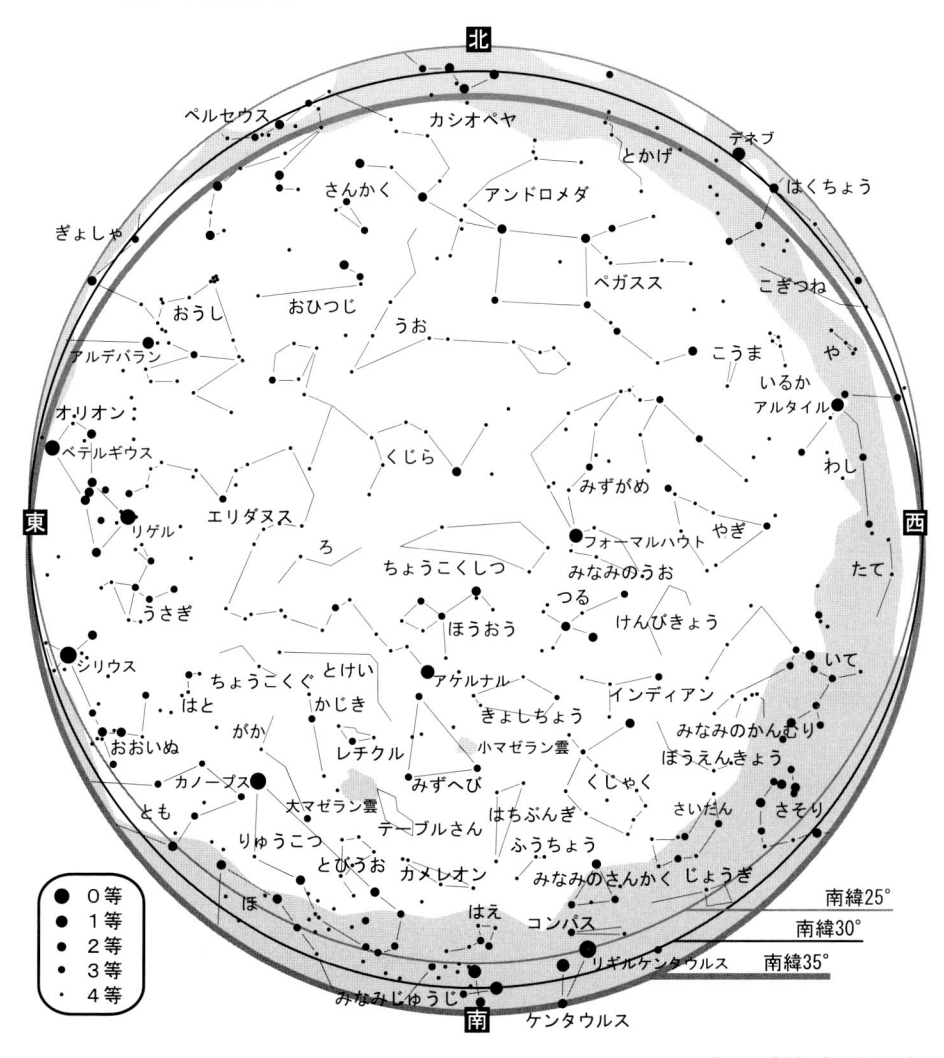

星空時刻表（現地時間）
10月中旬の23時
11月初旬の22時
11月中旬の21時
12月初旬の20時
（サマータイムは加味していません）

あとがき

　ここ数年，寒さにめっぽう弱くなってきました．服をたくさん着込んでいたとしても，足先や手先が冷たいともうだめなのです．かつては，真冬でもジャンパージャケットを羽織っただけで冬の星空を眺めていました．今では上下ともダウンのジャケットとパンツ．その下に何枚も服を着込み，もちろん最近話題の保温肌着も着用しています．こんなことで，南海の楽園へのあこがれが年々強くなっています．やはり暖かいところがいい．

　南十字星といえば，南の島，あるいはオーストラリアなど南半球を思い浮かべますが，今回，本書の原稿を書くにあたりこれまで撮影した写真を探すなどいろいろ調べていると，南方への渡航も数を重ねたものだと我ながら感慨にふけりました．私は，タヒチのボラボラ島ではじめて南十字星を見ました．やはり，最初に見たときの印象というものは強く残るもので，椰子の葉の向こうに輝く南十字星に南国情緒を感じ，その隣にあるエータ・カリーナ星雲が肉眼ではっきりわかったのが忘れられません．

　南洋の島に限らず，東南アジアや南半球の国など南十字星の見られる地へ行ったならば，せっかくだから星空を見上げてください．時期的に南十字星が昇っていなかったとしても，ひょっとしたら天の川が見えるかもしれません．マゼラン雲が見えるかもしれません．彼方異国の夜には，この国では見られない星座も瞬いているのですから．旅の楽しみは星空にもあることに気付いてほしいのです．是非，旅のガイドブックとともに本書も携えて，南天の美しい星空を全身に浴び，楽しんでいただけたら，そして，その一助になれましたら私にとって大きな幸せです．くれぐれも夜の星見，安全には気をつけて．

　最後になりましたが，本書を制作するにあたって故山田 卓先生著の「星座博物館シリーズ」（地人書館）他を参考にしました．また，浅田英夫氏には多大なるご助力をいただきました．そして，写真を提供してくださった坂口幸穂氏，加藤久司氏，イラストを描いてくださった中島智美氏，撮影に協力してくださったスターベース・名古屋店に心よりお礼申し上げます．また，編集の労をとってくださいました飯塚氏と地人書館スタッフの皆様，レイアウトを担当してくださった久藤氏に深く感謝いたします．

2012年1月　谷川正夫

あとがき

南天の星空ガイド
誰でも見つかる南十字星

2012年3月15日　初版発行
著　者　　谷川正夫
発行者　　上條　宰
発行所　　株式会社地人書館
　　　　〒162-0835　東京都新宿区中町15
　　　　TEL 03-3235-4422
　　　　FAX 03-3235-8984
　　　　郵便振替　00160-6-1532
　　　　E-mail：chijinshokan@nifty.com

URL：http://www.chijinshokan.co.jp

印刷所　　モリモト印刷
製本所　　イマヰ製本
©2012 by M.Tanikawa
Printed in Japan
ISBN978-4-8052-0847-2　C0044

[JCOPY] 〈(社) 出版者著作権管理機構　委託出版物〉
本書の無断複写は、著作権法上での例外を除き、禁じられています。複写される場合は、そのつど事前に(社) 出版者著作権管理機構 (TEL 03-3513-6969、FAX 03-3513-6979、e-mail：info@jcopy.or.jp)の許諾を得てください。また、本書を代行業者等の第三者に依頼してスキャンやデジタル化することは、たとえ個人や家庭内での利用であっても一切認められておりません。

地人書館の天文書

誰でも写せる星の写真
―携帯・デジカメ天体撮影―
谷川正夫 著／A5判／144頁／1890円
ISBN978-4-8052-0833-5

本書は初心者向けに天体の撮影法を解説した本である．使用するカメラも，今や多くの人が持っているカメラ付携帯やコンパクトデジカメ，安価なデジタル一眼レフに限定し，最も簡単な手持ち撮影から三脚を使った固定撮影，望遠鏡を使った拡大撮影まで紹介．誰もが気軽に夕焼けや朝焼けの空に浮かぶ月・惑星や，月面・惑星のアップ，星空を写すための方法を解説する．

誰でも探せる星座
―1等星からたどる―
浅田英夫／A5判／144頁／1890円
ISBN978-4-8052-0840-3

本書は，実際に星空を見上げて星座を見つけるのは初めてというまったくの初心者向けに，やさしい星座の探し方を解説した本である．探し方も，誰でも見つけやすい1等星を持つ星座から，まわりにある星座を見つけていくというユニークな方法をとったことが大きな特徴だ．また，星座の市街地での見え方と山間地での見え方の違いを図示したのも，類書にはない特徴といえる．

誰でも使える天体望遠鏡
―あなたを星空へいざなう―
浅田英夫 著／A5判／144頁／1890円
ISBN978-4-8052-0835-9

本書は初心者向けに天体望遠鏡の選び方と使い方を解説した本である．取り上げる望遠鏡も，主に大手カメラ量販店や望遠鏡ショップなどで入手できる安価な口径8cmクラスの屈折経緯台に限定．特に望遠鏡の選び方に重点を置いて解説し，失敗しない望遠鏡の買い方や，望遠鏡の組み立て方，望遠鏡で気軽に月・惑星や太陽面，明るい星雲星団を観望するための方法を解説する．

地球絶景星紀行
―美しき大地に輝く星を求めて―
駒沢満晴 著／四六判／248頁／1995円
ISBN978-4-8052-0826-7

本書はこれまでに類を見ない，五大陸の絶景地とそこに輝く星空を求めて著者が世界中を飛び回った旅行記である．カラーページでは単なる日中の風景だけでなく，地球の絶景と星空や流星，オーロラなどとの競演を撮影した貴重なカットを紹介．また本文ページでは，さまざまなエピソードも交えて，著者が実際に体験した地球の絶景地までの道中記を掲載する．

●ご注文は全国の書店，あるいは直接小社まで （価格は消費税込）

(株) 地人書館
〒162-0835 東京都 新宿区 中町 15番地
Tel.03-3235-4422　　Fax.03-3235-8984
e-mail：chijinshokan@nifty.com　　URL：http://www.chijinshokan.co.jp/